全国电子信息类优秀教材

高等院校应用型人才培养系列教材

周晓成　蒋心一　李欣鑫　著

张孟资　张少巍　主审

虚拟现实交互设计

第二版

化学工业出版社

·北京·

内容简介

本书针对新时代信息产业数字媒体技术应用型人才培养，以推进数字中国建设、推动文化创新性发展为指引，详解虚拟现实交互设计师需要掌握的全流程知识与技能。全书共14章，其中第1、2章为虚拟现实交互设计的理论知识，第3、4章为三维动画设计案例，第5～7章为工业设计和产品设计案例，第8～10章为数字媒体和艺术设计案例，第11、12章为室内设计与空间设计案例，第13、14章为游戏设计案例。对于各章案例，按照"设计目的—设计分析—设计方法—设计意义—设计总结"的思路详解。

本书纸数一体化，方便理论学习与实践操作。部分章节设有扩展内容，可扫描书中二维码观看。各案例均配套案例源文件和素材，可登录化学工业出版社官网下载。教师可登录化工教育网注册后获取课件、教学大纲等资源。

本书可以作为高等院校数字媒体技术、数字媒体艺术、动画、虚拟现实、工业设计、产品设计、环境设计等设计类、计算机类相关专业的教材，也可以作为相关培训机构的培训用书，以及动漫、影视、游戏等相关行业人员的参考用书。

图书在版编目（CIP）数据

虚拟现实交互设计 / 周晓成，蒋心一，李欣鑫著
. —2版. —北京：化学工业出版社，2024.8
全国电子信息类优秀教材
ISBN 978-7-122-45677-9

Ⅰ.①虚… Ⅱ.①周… ②蒋… ③李… Ⅲ.①虚拟现
实 - 程序设计 - 高等学校 - 教材 Ⅳ.①TP391.98

中国国家版本馆CIP数据核字（2024）第099056号

责任编辑：张　阳　　　　　　　文字编辑：谢晓馨　刘　璐
责任校对：王　静　　　　　　　装帧设计：梧桐影

出版发行：化学工业出版社
　　　　　（北京市东城区青年湖南街13号　邮政编码100011）
印　　刷：三河市航远印刷有限公司
装　　订：三河市宇新装订厂
787mm×1092mm　1/16　印张9¾　字数198千字
2024年8月北京第2版第1次印刷

购书咨询：010-64518888　　　　售后服务：010-64518899
网　　址：http://www.cip.com.cn
凡购买本书，如有缺损质量问题，本社销售中心负责调换。

定　　价：59.80元　　　　　　　　　　版权所有　违者必究

在科技迅猛发展的今天，虚拟现实（VR）技术正成为推动许多行业革新的核心力量。随着这一技术的日益成熟和普及，其在教育、娱乐、医疗、制造等多个领域的应用正在扩展，对应的人才需求也在不断增长。专业的虚拟现实交互设计人才成为众多行业争夺的宝贵资源，其未来的职业前景无疑是广阔的。在教育领域，高校正在将虚拟现实技术融入课堂教学和实践中，以此培养学生的创新能力和实践技能。这一教学趋势不仅拓宽了传统课程的边界，还鼓励了跨学科的学习和研究。

本书第一版于2016年出版，一经出版便得到行业专家、广大读者的肯定，于2017年获得全国电子信息类优秀教材奖。第二版图书在第一版的框架基础上进行了全面修订，具体内容特点和功能如下。

1. 立足于学习者综合素质的提升。新版书中以社会主义核心价值观为引领，有机融入中华优秀传统文化，引导学习者树立文化自信。修订后的内容将创新、协调、绿色、开放、共享的新发展理念融入其中，更好地体现了时代性、创造性，有助于学习者的全面发展。

2. 技术方法与时俱进。本书基于三维动画、交互设计相关理论，与时俱进地介绍了当前流行的三维设计和交互设计工具——3ds Max和Unity，充分解析了如何利用这些工具进行模型建造、材质贴图、摄像机设置等关键技术操作。书中特别强调了用户体验的重要性，并讲述了交互设计的核心原理和设计流程，帮助学习者在设计中始终关注用户的需求和体验。

3. 案例内容覆盖面广。本书第3～14章精选不同领域的多个虚拟现实交互设计案例，如孔明锁、虚拟钢琴、智能手机界面以及工业产品展示等，便于学习者将学到的理论知识应用于实际设计项目中，同时激发学习者的创造性思维和设计灵感。

4. 案例制作流程详尽。本书将虚拟现实交互设计案例讲解作为核心内容，内容细化到从概念到最终产出的完整设计流程，包括建模、材质设计、动画制作、脚本编程、编译输出等，方便学习者逐步跟随并理解每一环节的细节。

5. 体例明晰，便于教学。各章开头设置知识目标、能力目标、素质目标、学习重点、学习难点，课后设置本章小结、创意实践，以帮助学习者梳理学习目的，巩固知识与技能，提高学习效率，强化学习效果。

6. 配套资源丰富，方便获取。书中部分章节设有扩展内容，可扫描书中二维码观看。为了便于实践练习，书中案例均配套案例源文件和素材，可登录化学工业出版社官网下载、使用。教师可登录化工教育网注册后获取课件、教学大纲等资源。

本书由周晓成（安徽文达信息工程学院）、蒋心一（安徽新华学院）、李欣鑫（安徽新闻出版职业技术学院）著，由张孟资教授和张少巍副教授主审。在撰写过程中，上海遥知信息技术有限公司提供了技术指导。本书是2022年度安徽省哲学社会科学重点基金项目"三维特效技术在游戏场景中的虚拟交互应用研究"（2022AH052847）和安徽省一般教学研究项目"虚拟现实技术课程交互设计教学与实践创新研究"（2022jyxm640）成果。

限于作者时间和水平，疏漏之处在所难免，敬请广大读者批评指正，以便我们进一步完善。

周晓成

2024年3月

目 录

第 1 章 | 虚拟现实交互设计概述

知识目标 ● 掌握虚拟现实、三维动画、交互设计的概念。

能力目标 ● 能够快速理解和分析虚拟现实领域的问题，初步了解相关的设计流程和方法。

素质目标 ● 初步了解交互设计师等岗位要求，建立职业规划意识。

学习重点 ● 虚拟现实的关键技术与应用。

学习难点 ● 交互设计的设计流程和设计原则。

1.1 虚拟现实

1.1.1 虚拟现实的概念

虚拟现实（Virtual Reality，简称VR）是一种利用计算机技术、感知设备和人机交互技术，模拟并创造出与真实世界类似的沉浸式虚拟环境的技术体验。它通过构建一个数字化的虚拟场景，并通过头戴式显示器、手柄、数据手套等输入输出设备，使用户能够身临其境地感受到虚拟环境中的景象、声音和触感。

虚拟现实技术的基本原理是将用户的感官输入与计算机生成的虚拟环境进行交互和融合，从而使用户产生身临其境的感觉。通过高精度的追踪和感知设备，用户可以自由移动并与虚拟环境进行互动，例如触摸、探索、操作等。虚拟现实技术还可以利用立体声音效和震动反馈等技术手段，进一步增强用户的沉浸感。

虚拟现实技术在各个领域都有广泛的应用。在游戏行业，虚拟现实技术可以为玩家提供更加逼真、身临其境的游戏体验；在教育领域，虚拟现实技术可以创造虚拟实验室和虚拟场景，帮助学生更好地学习和实践；在医疗领域，虚拟现实技术可以用于手术模拟、康复训练等方面；在建筑设计领域，虚拟现实技术可以实现实时的三维可视化效果，帮助设计师更好地预览和调整设计方案。

虚拟现实技术正逐渐成为人们日常生活中的一部分，它不仅丰富了人们的娱乐体验，还为各个领域带来了新的发展机遇。随着技术的不断进步和应用的推广，虚拟现实技术将会在更多的领域发挥重要作用。

关于虚拟现实的概念，不同领域有不同的定义和描述。

地理信息学：存在于计算机系统中的逻辑环境，通过输出设备模拟显示现实世界中的三维物体及其运动规律和方式。

通信科技学：利用计算机发展中的高科技手段构造的，使参与者获得与现实一样感觉的一个虚拟的环境。

资源信息学：一种模拟三维环境的技术，用户可以像在现实世界一样体验和操纵这个环境。

虚拟现实，又称灵境技术，是以沉浸性、交互性和构想性为基本特征的计算机高级人机界面。它综合利用了计算机图形学、仿真技术、多媒体技术、人工智能技术、计算机网络技术、并行处理技术和多传感器技术，模拟人的视觉、听觉、触觉等感觉器官功能，使人能够沉浸在计算机生成的虚拟世界中，并能够通过语言、手势等自然的方式与之进行实时交互，创建了一种适人化的多维信息空间。用户不仅能够通过虚拟现实系统感受到在客观物理世界中所经历的"身临其境"的逼真性，而且能够突破空间、时间以及其他客观限制，感受到真实世界中无法亲身经历的体验。

1.1.2 虚拟现实的发展历史与特点

（1）虚拟现实的发展历史

虚拟现实最早兴起于20世纪60年代的知觉模拟系统。当时它的兴起是为了建立一种新型的人机交互界面，使用户可以用虚拟系统对真实世界的状态进行动态模拟。在虚拟现实世界中，计算机根据用户的姿势、命令作出响应，使用户和虚拟环境之间建起一种实时的交互性关系，产生逼真的沉浸感，完全置身于另一个环境当中。虚拟现实技术的发展历史大体可分为以下六个阶段。

20世纪60年代：虚拟现实的雏形出现在实验室中。伊万·苏特兰德（Ivan Sutherland）是计算机图形学的先驱之一，他在1968年开发了第一个计算机图形学程序"Sketchpad"，这为后来的虚拟现实技术的发展奠定了基础。

20世纪80年代：杰伦·拉尼尔（Jaron Lanier）创建了首个将虚拟现实术语用于描述交互式计算机仿真环境的公司VPL Research。在这一时期，出现了一些早期的虚拟现实装置，如头戴式显示器和手部追踪设备。

20世纪90年代：虚拟现实技术开始在娱乐和游戏行业得到广泛应用。世嘉（SEGA）和任天堂（Nintendo）等公司推出了一些虚拟现实游戏设备，并在商业展览上展示了虚拟现实技术的潜力。

21世纪第一个十年：虚拟现实技术进入了一个相对低谷期，技术的发展相对缓慢。然而，随着计算机图形学、传感器技术和计算能力的不断改进，虚拟现实重新进入人们的视野。

21世纪第二个十年：虚拟现实技术取得了显著进展。2010年，Oculus VR公司推出了开发者版本的Oculus Rift头戴式显示器，引起了广泛的关注。随后，其他公司如HTC、索尼和谷歌也推出了自己的虚拟现实设备。

21世纪20年代：虚拟现实技术进一步成熟和普及。头戴式显示器更加轻便，分辨率高，功能丰富。许多行业开始将虚拟现实技术应用于培训、设计、医疗保健和娱乐等领域。虚拟现实技术的演变发展仍在继续，未来可能会带来更多创新和应用。

（2）虚拟现实的特点

虚拟现实主要有四大特点：多感知性、沉浸感、交互性和构想性。

多感知性（Multi-Sensory），指除了一般计算机技术所具有的视觉之外，还有听觉、力觉、触觉、运动感，甚至包括味觉、嗅觉等，使用户在虚拟环境中得到更加真实和细致的体验。

沉浸感（Immersion），又称临场感，指用户感到作为主角存在于模拟环境中的真实程度。虚拟现实技术能够给用户带来一种身临其境的感觉，使用户能够全身心地沉浸在虚拟环境中，与环境进行互动和体验。

交互性（Interaction），指体验者对虚拟环境内物体的可操作程度和从环境中得到反馈的自然程度。在虚拟环境中体验者不是被动地感受，而是可以通过自己的动作改变感受的内容。虚拟现实技术允许用户以自然的方式与虚拟环境进行交互，例如使用手柄、手套或者通过眼球追踪等方式。此外，虚拟现实系统要求提供实时的图像和声音渲染，以确保用户的动作和环境的变化之间没有明显的延迟。

构想性（Imagination），指用户沉浸在多维信息空间中，依靠自己的感知和认知能力全方位获取知识，发挥主观能动性，寻求答案，形成新的概念。构想性强调虚拟现实技术应具有广阔的可想象空间，可拓宽人类认知范围，不仅可再现真实存在的环境，也可以随意构想客观不存在的甚至是不可能发生的环境。

虚拟现实技术目前仍处于不断发展和成熟的阶段，未来随着技术和应用的进一步改进，虚拟现实将会在更多领域展现其价值和应用前景。虚拟现实技术不仅在娱乐领域得到应用，还在教育、医疗、军事、建筑和旅游等行业展现出巨大的潜力。它可以模拟各种场景和情境，提供训练、学习、设计和预览等功能。

1.1.3 虚拟现实的关键技术与应用

（1）虚拟现实的关键技术

虚拟现实是一种计算机技术，通过模拟人类感官，创造一种虚拟的三维环境，使用户能够与这个虚拟环境进行交互并沉浸其中。虚拟现实的关键技术涉及以下几个方面。

3D建模技术：为了创建逼真的虚拟环境，需要使用3D建模技术来设计和构建虚拟场景，包括地形、建筑、物体等。3D建模技术的发展使得虚拟环境更加真实和可信。

头戴式显示设备：头戴式显示设备是虚拟现实的重要硬件设备，它通常包括一个头戴式显示器和传感器装置。头戴式显示设备可以实时显示虚拟环境，并通过传感器追踪用户的头部运动，使用户能够360°无缝地观察虚拟环境。

交互设备：为了在虚拟环境中与物体进行交互，需要使用各种输入设备，如手柄、手套、触控笔等。这些设备可以模拟用户的手部动作和触觉反馈，使用户能够与虚拟环境中的物体进行互动和操作。

虚拟现实引擎：虚拟现实引擎是指用于创建、渲染和呈现虚拟环境的软件系统。常见的虚拟现实引擎包括Unity和Unreal Engine等。这些引擎提供了丰富的开发工具和资源，使开发者能够快速构建虚拟环境，并实现各种特效和交互功能。

虚拟现实即利用计算机技术生成逼真的，具备视、听、触、嗅、味等多种感知的虚拟三维空间，将用户置身于该环境中，借助轻便的多维输入输出设备（如跟踪器、头盔显示器、眼球跟踪器、三维输入设备和传感器等）和高速图形计算机，产生一种身临其境的感觉。

虚拟现实技术的实质在于提供一种高级的人机接口，它改变了人与计算机之间枯燥、生硬和被动的现状，给用户提供了一个趋于人性化的虚拟信息空间。虚拟现实的出现，使人们从纷繁复杂的数据中解放出来。这种形式是传统表现方式所无法比拟的，它给人们提供了一个崭新的信息交流平台。

从目前的发展来看，虚拟现实技术是很多技术发展的综合，其中包括实时三维计算机的图形图像技术，广角立体显示技术，听觉感知、触觉感知、运动感知、味觉感知、嗅觉感知等的跟踪技术，以及触觉的反馈、立体声、网络信号的传播、语言技术的输出输入等。

虚拟现实的关键技术还有动态环境建模技术、立体显示和传感器技术、系统开发工具应用技术、实时三维图形生成技术、系统集成技术。动态环境建模技术是虚拟现实比较核心的技术，它的目的是获取实际环境的三维数据，并根据应用的需要，利用获取的三维数据建立相应的虚拟环境模型。虚拟现实的交互能力依赖于立体显示和传感器技术。现有的虚拟现实还远远不能满足系统的需要，虚拟现实设备的跟踪精度和跟踪范围有待提高。同时，显示效果对虚拟现实的真实感、沉浸感都需要通过高的清晰度来实现。虚拟现实技术应用的关键是寻找合适的场合和对象。选择适当的应用对象可以大幅度地提高生产效率，减轻劳动强度，提高产品开发质量。为了达到这一目的，必须研究虚拟现实的开发工具，例如虚拟现实系统开发平台、分布式虚拟现实技术等。

虚拟现实系统主要由检测模块、反馈模块、传感器模块、控制模块、建模模块构成。检测模块，检测用户的操作命令，并通过传感器模块作用于虚拟环境。反馈模块，接受来自传感器模块的信息，为用户提供实时反馈。传感器模块，一方面接受来自用户的操作命令，并将其作用于虚拟环境；另一方面将操作后产生的结果以各种反馈的形式提供给用户。控制模块则是对传感器进行控制，使其对用户、虚拟环境和现实世界产生作用。建模模块，获取现实世界组成部分的三维表示，并由此构成对应的虚拟环境。在五个模块的协调作用下，最终能够建成3D模型，实现对现实的虚拟过程。

（2）虚拟现实的应用

虚拟现实在医学方面的应用具有十分重要的现实意义。虚拟现实技术在医疗保健领域有广泛应用，包括手术模拟、康复训练、心理治疗等。通过虚拟现实技术，医护人员能够更好地进行诊断和治疗，患者能够获得更好的康复效果。在虚拟环境中，可以建立虚拟的人体模型，借助于跟踪球、HMD（头盔显示器）、感觉手套，学习者可以很容易地了解人体内部各器官结构，通过虚拟现实技术的帮助，能在显示器上重复地模拟手术，移动人体内的器官，寻找最佳手术方案并提高熟练度。在外科手术遥控、复杂手术的计划安排、手术过程的信息指导、手术后果预测、改善残疾人生活状况，乃至新药研制等方面，虚拟现实技术都能发挥十分重要的作用。

在娱乐领域，丰富的感觉能力与3D显示环境使得虚拟现实成为理想的视频游戏工具。由于在娱乐方面对虚拟现实的真实感要求不是太高，故近些年来虚拟现实在该方面发展最为迅猛。如芝加哥开放了世界上第一台大型的可供多人使用的虚拟现实娱乐系统，其主题是关于3025年的一场战争；英国开发的名为"Virtuality"的虚拟现实游戏系统配有HMD，大大增强了真实感；1992年一台名为"Legeal Qust"的系统由于增加了人工智能功能，使计算机具备了自学习功能，大大增强了趣味性及难度，该系统获该年度虚拟现实产品奖。三维游戏是虚拟现实技术重要的应用方向之一，为虚拟现实技术的快速发展起到了巨大的需求牵引作用。虚拟现实技术为游戏和娱乐产业带来了革命性的变化。通过虚拟现实技术，玩家可以身临其境地进入游戏世界，享受更加沉浸式的游戏体验。另外，在家庭娱乐方面虚拟现实也显示出了很好的前景。

在艺术领域，虚拟现实技术作为传输显示信息的媒体，在未来具有非常大的发展潜力。虚拟现实所带来的临场参与感与交互功能可以将静态的艺术（如油画、雕刻等）转化为动态的，使观赏者更好地欣赏作者的思想艺术。另外，虚拟现实提高了艺术表现能力，如一个虚拟的音乐家可以演奏各种各样的乐器，手足不便的人或远在外地的人可以去虚拟的音乐厅欣赏音乐会，等等。

在教育、军事和航天领域，虚拟现实技术为教育和培训提供了全新的可能性。人们可以通过虚拟现实技术参与真实场景的模拟和实践，提高学习和培训效果。虚拟现实技术在解释一些复杂的系统、抽象的概念等方面，是非常有力的工具。杰伦·拉尼尔（Jaron Lanier）等人在1993年建立了一个虚拟的物理实验室，用于解释某些物理概念，如位置与速度、力量与位移等。模拟训练一直是军事与航天工业中的一个重要课题，这为虚拟现实提供了广阔的应用前景。美国国防部高级研究计划局（DARPA）自20世纪80年代起一直致力于研究名为"SIMNET"的虚拟战场系统，以提供坦克协同训练，该系统可联结200多台模拟器。

在工业领域，虚拟现实技术已经被世界上一些大型企业广泛地应用到工业的各个环节，对企业提高开发效率，加强数据采集、分析、处理能力，减少决策失误，降低企业风险起到了重要的作用。虚拟现实技术的引入使工业设计的手段和思想发生质的飞跃，更加符合社会发展的需要。

在虚拟场景模拟领域，虚拟现实的产生为应急演练提供了一种全新的开展模式，将事故现场模拟到虚拟场景中去，在这里人为地制造各种事故情况，组织参演人员作出正确响应。这样的推演大大降低了投入成本，提高了推演实训效率，并且可以打破空间的限制，方便地组织各地人员进行推演。

在城市规划领域，虚拟现实技术可以帮助建筑师和设计师以更直观的方式构建和呈现建筑模型。通过虚拟现实技术，用户可以在虚拟环境中漫游，感受建筑的空间感和氛围。虚拟现实技术能够使政府规划部门、项目开发商、工程人员及公众从任意角度实时互动，真实地看到规划效果，更好地掌握城市的形态，理解规划师的设计意图。

在旅游与文化遗产保护领域，虚拟现实技术可以将文化遗产以虚拟形式呈现给用户，使用户能够身临其境地体验历史和文化。同时，虚拟现实技术也提供了一种新的旅游方式，用户可以通过虚拟现实技术在家中游览各地旅游景点。

总而言之，虚拟现实的关键技术和应用正改变着我们的生活和工作方式，同时也为各行业带来了新的发展机遇。

1.1.4 虚拟现实未来的发展趋势

虚拟现实技术作为一种人机交互技术，已经在娱乐、教育、医疗等领域得到了广泛应用。未来，虚拟现实技术的发展趋势将呈现以下几个方面的变化。

硬件性能的提升：随着科技的进步，VR设备的硬件性能将不断提升，包括屏幕分辨率、视野角度、传感器精度等方面的改善，使用户能够获得更加逼真的虚拟世界体验。

无线化和便携化：当前的VR设备通常需要连接到计算机或游戏主机才能使用，未来的发展将推动设备的无线化和便携化。这将使用户可以在更广泛的场景中使用虚拟现实技术，例如户外运动、旅游等。

交互方式的创新：目前的VR设备主要通过手柄、头显等方式进行交互，但未来将有更多创新的交互方式出现，如姿势识别、眼球追踪等技术，使用户能够更自然地与虚拟世界进行互动。

丰富多样的内容：随着虚拟现实技术的发展，将有越来越多的优质内容与应用程序开发出现。不仅仅局限于娱乐领域，虚拟现实技术将应用于教育、医疗、设计等更多领域，为用户提供更多元化的体验。

社交互动的增强：未来的虚拟现实技术将更加注重用户之间的社交互动。通过虚拟世界中的人物扮演、在线多人游戏等方式，用户能够与其他用户进行更真实、更直观的社交互动。

目前，虚拟现实技术的发展已成为社会关注的热点，尤其是在其强调沉浸、体验的虚拟现实互动方面。虚拟博物馆、虚拟操作台、体验游戏等多种虚拟互动多媒体系统为社会展示了虚拟现实技术广泛的应用范围和广阔的发展前景。同时，也为发展中的虚拟现实交互设计提供了更多的发展空间。

随着虚拟现实技术在城市规划、军事等领域应用的不断深入，人们在建模与绘制方法、交互方式和系统构建方法等方面对虚拟现实技术都提出了更高的要求。为了满足这些新的要求，近年来，虚拟现实相关技术研究遵循低成本、高性能原则，取得了快速发展，表现出一些新的特点和发展趋势，主要表现在以下方面。

动态环境建模技术：虚拟环境的建立是虚拟现实技术的核心内容，动态环境建模技术的目的是获取实际环境的三维数据，并根据需要建立相应的虚拟环境模型。

实时三维图形生成和显示技术：三维图形的生成技术已比较成熟，而关键是如何"实时生成"，在不降低图形质量和复杂程度的前提下，如何提高刷新频率将是今后重要的研究内容。此外，虚拟现实依赖于立体显示和传感器技术的发展，现有的虚拟设备还不能满足系统的需要，有必要进一步开发三维图形生成和显示技术。

媒介与人的融合：可以设想，依靠智能技术的发展，人们终将摆脱程序化的管理方式，使自己的心力和智力在更大的空间里得到"提升"。虚拟现实技术正是人类进入高度文明社会前的必然的也是必需的技术发展背景和条件。在数字化时代，虚拟现实技术将越来越人性化。

大型网络分布式虚拟现实的研究与应用：网络虚拟现实是指多个用户在一个基于网络的计算机集合中，利用新型的人机交互设备介入计算机产生多维的、适用于用户（即适人化）应用的、相关的虚拟环境。分布式虚拟现实系统必须支持系统中多个用户、信息对象（实体）之间通过消息传递实现交互。

三维动画

三维动画（3D Animation）是随着计算机软硬件技术的发展而产生的一项新的技术。它在计算机中建立一个虚拟的世界，设计者在虚拟的世界中按照设定建立相应的模型和场景。三维动画依赖的CG（计算机图形）技术需要通过计算机强大的运行能力来模拟现实，完成3D建模、材质与纹理、骨骼与绑定、动画调制、灯光特效和渲染输出等步骤。在三维动画的制作过程中，每一个步骤都是紧密关联的，任何一个步骤的失误和错误都会不同程度地影响影片的合成质量，也可能导致失败。

1.2.1 三维动画的概念

三维动画，又称3D动画，是一种利用计算机技术和三维图形来创建动态影像的艺术形式。它与传统的二维动画相比，能够通过模拟真实世界的物体、光照、材质等特性，创造出更加逼真的效果。

与传统手绘动画不同，三维动画依赖于计算机软件和数学算法来创造、操作和呈现图像。它的工作原理和方法是设计师在计算机平台先创建一个虚拟的世界，然后在这个虚拟的三维世界中按照要表现对象的形状、尺寸等相关数据建立模型和场景的设计，再根据需要设定模型的运动轨迹、虚拟摄像机的运动和其他动画参数设置，最后按设计意图为模型赋予特定的材质和灯光效果。当这一切完成后就可以进行渲染设置与输出，通过后期的剪辑与合成，最终生成三维动画效果。

三维动画可以模拟简单的工业产品展示与艺术品展示，也可以模拟复杂的角色与场景模型，从静态、单个的模型到动态、复杂的场景都可以依靠功能强大的动画技术实现。三维动画依赖于真实完美的虚拟现实技术的设计与表现，具有极高的精确性、真实性和无限的可操作性，在商业、科技、军事、教育、医学、娱乐等诸多领域得到了广泛的应用。它能够带给观众更加生动、立体的视觉体验，并且具有较好的可视化效果和表现力。另外，三维动画还被应用于科学可视化、工程设计和虚拟现实等领域，为人们提供更好的信息展示和交互体验。

随着计算机技术的不断发展与创新，三维动画现在已越来越被人们看重。因为它比二维的平面图像更加直观、形象与生动，更能给观者以身临其境的感觉，尤其适用于那些尚未实现或准备实施的项目与工程，可以使观者提前领略到设计方案实施后的精彩效果。

1.2.2 三维动画的发展历史与特点

（1）三维动画的发展历史

三维动画的发展历史可以追溯到20世纪60年代早期，以下是三维动画的几个重要里程碑的发展历史。

20世纪60年代：早期的三维动画技术主要基于计算机图形学的发展。国家电影局（National Film Board of Canada）的电脑绘画及动画项目是最早在计算机上制作三维动画的实验之一。

20世纪70年代：三维动画开始在电影和科研领域得到应用，例如《星际旅行：无限太空》科幻电影中使用了早期的计算机三维动画效果。

20世纪80年代：三维动画技术开始商业化，并应用于电影和电视制作。派拉蒙电影公司在这一时期又推出了使用计算机生成图形的科幻电影《星际旅行2：可汗怒吼》。

20世纪90年代：三维动画技术得到进一步发展和应用。计算机图形学算法的改进和更快速的计算机处理能力使得三维动画的质量和效率得到提升。

21世纪第一个十年：随着计算机图形学和计算能力的不断发展，三维动画技术的应用范围扩大。特效和数字角色逐渐成为电影制作中的重要组成部分。

21世纪第二个十年：三维动画技术得到广泛应用，在电影、电视、游戏和虚拟现实等领域继续发展。同时，实时渲染技术的进步使得实时生成三维动画成为可能。

21世纪20年代：三维动画技术继续向前发展，逼真度和互动性不断提升。虚拟角色和数字双胞胎等技术的进步使得动画制作变得更加创新和多样化。

三维动画的发展历程充满了技术的突破和创新，未来还将继续发展出更加逼真、交互性强的三维动画技术。

（2）三维动画的特点

相较于实拍，三维动画有如下特点：能够完成实拍不能完成的镜头；制作不受天气、季节等因素影响；对制作人员的技术要求较高；可修改性较强，质量要求更易受到控制；实拍成本过高的镜头可通过三维动画实现以降低成本，实拍有危险性的镜头可通过三维动画完成，无法重现的镜头可通过三维动画来模拟完成；能够对所表现的产品起到美化作用；制作周期相对较长；三维动画的制作成本与制作的复杂程度和所要求的真实程度成正比，并呈指数增长；画面表现力没有摄影设备的物理限制，可以将三维动画虚拟世界中的摄影机看作是理想的电影摄影机，而制作人员相当于导演、摄影师、灯光师、美工、布景；其最终画面效果仅取决于制作人员的水平、经验和艺术修养，以及三维动画软件及硬件的技术局限。

三维动画的制作周期较长，虽然技术入门门槛不高，但是精通并熟练运用需要多年不懈的努力，同时还要不断学习发展的新技术。三维动画的制作是一个艺术与技术紧密结合的工作。在制作过程中，一方面要在技术上充分实现创意的要求，另一方面要在画面色调、构图、明暗、镜头设计组接、节奏把握等方面进行艺术的再创造。三维动画的特点包括以下几方面。

逼真的视觉效果：借助计算机生成的三维图形和逼真的材质、光照、物理模拟等技术，三维动画能够呈现出逼真、立体的图像效果和场景。

可视化的表现力：三维动画能够创造出虚拟的角色、场景和物体，通过动态运动、形变和交互来表达故事情节和情感。

多样化的应用领域：三维动画在电影、电视、游戏、广告、教育、医疗等领域得到广泛应用，为这些领域提供了丰富多样的视觉体验和交互方式。

创造性和想象力：三维动画具有更大的创作空间和想象力，设计师可以通过自由变换和创造来呈现独特的虚拟世界。

1.2.3 三维动画的应用领域

随着计算机三维影像技术的不断发展，三维动画越来越为人们所看重，其主要应用于以下领域。

电影和电视：三维动画在电影和电视行业中应用广泛，它被用来制作特效、虚拟场景、角色动画等。著名的动画电影如《冰雪奇缘》《狮子王》和《玩具总动员》都是采用三维动画技术制作的。

游戏：游戏产业是三维动画的重要应用领域之一。三维动画可以创建逼真的游戏场景、角色模型和动画动作，提供更加沉浸式的游戏体验。知名游戏如《使命召唤》《英雄联盟》和《巫师3：狂猎》都使用了三维动画技术。

广告和营销：三维动画在广告和营销领域中被广泛应用。通过三维动画，广告公司可以创造出生动、引人注目的广告片，用于产品推广和品牌宣传，例如汽车广告、食品广告和电子产品的演示视频等。

教育和培训：三维动画在教育和培训领域中被用作教学工具。它可以用来制作交互式教学视频、科学可视化、解剖学模型等，帮助学生更好地理解复杂的概念和过程。

建筑和工程：三维动画在建筑和工程领域中用于可视化设计和模拟。它可以以虚拟形式展现建筑模型、室内设计和城市规划等，帮助设计师和客户更好地预览和评估设计方案。

医疗和医学：三维动画在医疗和医学领域中扮演关键角色。它被用来制作解剖学模型、手术模拟、病情演示等，用于医学教育、医疗培训和医学研究。

虚拟现实和增强现实：三维动画在虚拟现实（VR）和增强现实（AR）技术中起到重要作用。它可以用来制作虚拟世界、虚拟游戏和虚拟体验，给人们带来身临其境的感觉。

除了以上应用领域，三维动画还用于产品设计、机器人技术等多个领域。随着技术的不断进步，三维动画在各行各业中的应用将不断扩大。

1.2.4 三维动画未来的发展趋势

数字媒体网络时代的到来，进一步为动画开拓了新的方向，动画艺术的价值观念、艺术追求、文化属性也有了非常大的革新。三维动画作为数字技术的一种应用，未来的发展趋势将围绕以下几个方向。

更加真实和逼真的视觉效果：随着计算机图形学和渲染技术的不断进步，三维动画将呈现更加逼真的视觉效果。高级的光线追踪、材质模拟和物理仿真等技术将使得角色、场景和特效的细节更加精细和真实。

融合虚拟现实和增强现实：随着虚拟现实和增强现实技术的快速发展，三维动画将与这些技术进行更加紧密的融合。用户可以通过头戴式显示器或手机等设备与三维场景进行互动，实现更加身临其境的体验。

实时渲染： 传统的三维动画制作需要耗费大量时间和计算资源进行渲染和计算，而实时渲染技术的发展将实现实时生成高质量的图像和动画，这将带来更高的制作效率和交互性。

人工智能和机器学习： 人工智能和机器学习技术的运用将使得三维动画制作更加智能化和自动化。例如，通过机器学习算法可以自动为角色添加自然的动画效果，减少了手工制作的复杂度。

手机和移动设备上的应用： 随着智能手机和移动设备的普及，三维动画在移动平台上的应用将越来越重要。人们可以通过手机或平板电脑观看和交互式体验三维动画内容，在教育、娱乐和广告等领域都具有巨大的商业潜力。

跨媒体合作与创作： 未来的三维动画制作将更加强调不同媒体之间的协同合作。例如，角色和场景的模型可以在电影、游戏和虚拟现实中共享和重用，提高制作效率和质量。

总的来说，未来的三维动画发展将呈现出更加逼真、交互性更强、智能化和跨媒体的特点，不仅改变了动画制作过程，也扩大了三维动画的应用范围。

1.3　交互设计

1.3.1 交互设计的概念

交互设计又叫互动设计，是指设计人和产品或服务互动的一种机制。以用户体验为基础进行的人机交互设计要考虑用户的背景、使用经验以及在操作过程中的感受，从而设计符合最终用户的产品，使得最终用户在使用产品时感到愉悦，可以高效使用产品。

交互设计作为一门关注交互体验的新学科，由艾迪欧（IDEO）公司的一位创始人比尔·摩格理吉在1984年的一次设计会议上提出，他一开始给它命名为"软面"（Soft Face），由于这个名字容易让人想起当时流行的玩具"椰菜娃娃"（Cabbage Patch doll），后来他将其更名为"Interaction Design"，即交互设计。

交互设计是指以用户为中心，通过设计用户与产品、系统或服务之间的交互方式和体验，来满足用户需求的过程。它关注用户与产品或系统之间的互动，并通过设计有效的界面和互动逻辑，使用户能够轻松、高效地完成任务。

交互设计的目标是创造出简单直观、易于使用、具有良好用户体验的产品或系统。它主要涉及以下几个方面的设计。

用户研究： 通过观察和了解目标用户的行为、需求、态度和目标，以洞察用户的真正需求和期望。

信息架构：设计清晰的信息结构和组织方式，使用户能够快速找到所需信息并理解其关系。

交互流程：设计良好的交互流程和界面布局，为用户导航，使用户能够轻松输入和操作。

可视化设计：通过合适的颜色、图标、字体和其他视觉元素来传达信息、引导用户和增强用户体验。

反馈和响应：提供明确的反馈和提示，使用户能够知道他们的操作是否成功，并及时响应用户的动作。

用户测试和评估：通过用户测试和评估，验证设计的有效性和可用性，并根据用户反馈进行优化。

交互设计不仅仅关注产品或系统的外观和功能，更注重用户与产品之间的交互过程和体验。它要求设计师充分理解用户需求，将用户的视角融入设计中，以提供舒适、高效、愉悦的用户体验。

1.3.2 交互设计的设计目的和主要内容

交互设计是一门特别关注以下内容的学科：定义产品的行为和使用密切相关的产品形式；预测产品的使用如何影响产品与用户的关系，以及用户对产品的理解；探索产品、人和物质、文化、历史之间的对话。

从用户角度来说，交互设计是一种让产品易用、有效且让人愉悦的技术，它致力于了解目标用户和他们的期望，了解用户在同产品交互时彼此的行为，了解"人"本身的心理和行为特点，同时还包括了解各种有效的交互方式，并对它们进行增强和扩充。交互设计还涉及多个学科，以及和多领域、多背景人员的沟通。

通过对产品的界面和行为进行交互设计，让产品和它的使用者之间建立一种有机关系，从而可以有效达到使用者的目标，这就是交互设计的目的。通过创造和优化用户与产品、系统或服务之间的交互方式和体验，实现以下几个目标。

提供良好的用户体验：使用户能够轻松使用产品，理解产品的功能和操作方式，从而提供愉悦、满意的使用体验。

增加用户效率和生产力：通过设计简洁明了的交互流程和界面，帮助用户高效地完成任务，提高工作效率和生产力。

降低用户学习成本：通过合理的界面布局和易于理解的交互方式，减少用户学习和掌握产品操作的时间和难度。

减少用户错误和困惑：通过提供清晰的反馈和引导，避免用户操作错误和迷失方向，提高用户成功完成任务的准确性和可靠性。

增强产品的竞争力：通过提供优秀的用户体验，增加用户对产品的喜爱度和忠诚度，帮助产品在市场竞争中脱颖而出。

交互设计的主要内容包括以下几点。

用户需求分析：通过用户研究、访谈和调查等方法，理解用户的需求、行为和期望，识别目标用户的关键需求。

信息架构设计：设计清晰、易于理解和导航的信息结构，使用户可以快速找到所需信息，并了解信息之间的关联和层次结构。

交互流程设计：设计用户与产品之间的操作流程和页面导航流程，确保用户可轻松、直观地进行操作。

用户界面（UI）设计：通过界面布局、色彩、字体、图标等视觉元素的设计，创建易于识别、一致和美观的用户界面。

反馈和引导设计：提供及时、明确的交互反馈，帮助用户理解他们的操作结果，并提供必要的引导和提示。

用户测试和评估：通过用户测试和评估，验证设计的有效性和可用性，发现和解决潜在问题。

综上所述，交互设计旨在通过创造优秀的用户体验，提高用户效率，降低学习成本，减少错误和困惑，以增强产品的竞争力。它涵盖了用户需求分析、信息架构设计、交互流程设计、用户界面设计、反馈和引导设计以及用户测试和评估等多个方面。

1.3.3 交互设计的设计流程和设计原则

人机交互与人类工程学、心理学、认知科学、信息学、工程学、计算机科学、软件工程、社会学、人类学、语言学、美学等学科相关，以图形设计、产品设计、商业美术、电影产业、服务业等为载体，主要研究机器/系统、人、界面三者之间的关系。

交互过程是一个输入和输出的过程，人通过人机界面向计算机输入指令，计算机经过处理后把输出结果呈现给用户。人和计算机之间的输入和输出的形式是多种多样的，因此交互的形式也是多样化的。其设计流程主要包含以下几个方面。

研究和分析阶段：了解用户需求，进行市场和竞争研究，收集并分析用户数据和反馈。在这个阶段，可以通过用户访谈、问卷调查、竞品分析等方法来获取所需的信息。

结构设计阶段：根据用户研究的结果和分析，进行信息架构设计，包括确定网站或应用程序的主要功能和页面结构，创建用户流程图和界面布局。

交互设计阶段：设计交互方式和操作流程，包括交互元素的定义、交互流程图的制作以及用户界面的设计。在这个阶段，需要考虑用户与系统的交互方式，例如按钮、链接、表单、导航等。

原型开发阶段：根据设计阶段的交互设计结果创建原型，并进行迭代和测试。原型可以是低保真的草图或线框模型，也可以是高保真的交互式原型。

测试和验证阶段：使用原型进行用户测试和评估，验证设计的有效性和可用性，发现和解决潜在问题。根据测试结果进行改进和优化。

实施和发布阶段：根据最终的设计结果进行开发和实施，并进行最终的测试和验证。最后发布产品或系统，并持续跟踪和优化用户体验。

交互设计的设计原则主要有以下几点。

用户为中心原则：设计以用户需求和体验为核心，始终考虑用户的行为模式和期望，从而提供用户友好和有效的交互方式。

易学易用原则：设计简洁明了、直观易懂的界面和操作流程，降低用户学习成本和操作难度。

反馈和引导原则：通过清晰、及时的反馈和引导，帮助用户理解他们的操作结果，并提供必要的帮助和提示。

一致性原则：保持界面元素和操作方式的一致性，使用户能够快速识别和理解界面的功能和操作方式。

可访问性原则：确保产品或系统对不同群体（如残疾人群体）都能提供良好的用户体验，遵循相关的无障碍设计准则。

可扩展性和灵活性原则：设计灵活、可扩展的交互方式，以适应不同的用户需求和新功能的增加。

美学原则：设计美观、易于接受的界面，符合用户的审美需求，并能够传达品牌的风格和信息。

遵循这些设计原则可以提高交互设计的质量和用户体验，实现设计目标并满足用户需求。

1.3.4 交互设计的行业发展

交互设计是一个不断发展的行业，随着科技和用户需求的不断变化，它也在不断演进。以下是交互设计行业发展的一些趋势和未来方向。

用户体验的重要性：随着用户对产品和服务体验的要求越来越高，用户体验成为交互设计的核心关注点。优秀的交互设计能够提供简洁、直观和愉悦的用户体验，因此，更多的公司将会把用户体验放在产品开发的核心位置。

移动端和响应式设计：越来越多的人使用移动设备访问互联网，所以移动端的交互设计非常重要。响应式设计（Responsive Design）也是一个重要的趋势，它能够根据不同的设备尺寸和屏幕分辨率自动适应页面布局和交互方式。

VR/AR交互设计：虚拟现实（VR）和增强现实（AR）技术的快速发展为交互设计提供了新的机会。设计师需要探索和开发适合VR/AR环境的交互模式和界面设计，以提供沉浸式和交互性强的体验。

AI和机器学习：人工智能（AI）和机器学习技术的应用对交互设计也有重要影响。通过使用智能算法和数据分析，交互设计师可以创建个性化、智能化的用户体验，使产品更加智能和符合用户需求。

设计与可持续发展：在全球范围内，可持续发展成为一个重要的议题。因此，交互设计师需要更多地关注如何通过设计来降低对环境的影响、提高资源利用效率，倡导可持续的生活方式。

无界面和语音交互：随着语音识别和自然语言处理技术的发展，无界面和语音交互正成为新的趋势。设计师需要研究如何通过声音和语音来实现界面控制和信息交互，以提供更加便捷和高效的用户体验。

总而言之，交互设计行业将会越来越关注用户体验、移动端、虚拟现实、人工智能、可持续发展和无界面交互等方面的发展。设计师需要不断学习和挖掘新的技术和方法，以适应不断变化的需求和市场。

 本章小结

本章主要介绍虚拟现实、三维动画、交互设计的一般概念和原理。对于虚拟现实技术，主要从虚拟现实的发展历史与特点、虚拟现实的关键技术与应用、虚拟现实未来的发展趋势三个方面进行分析和说明；对于三维动画技术，主要从三维动画的发展历史与特点、三维动画的应用领域、三维动画未来的发展趋势等方面进行分析和说明；对于交互设计技术，主要从交互设计的设计目的和主要内容、交互设计的设计流程和设计原则、交互设计的行业发展三个方面进行分析和说明。

理论思考

① 虚拟现实是多种技术的综合，其关键技术和研究内容包括哪些方面？

② 三维动画制作是一个艺术和技术紧密结合的工作。在制作过程中，一方面要在技术上充分实现创意的要求，另一方面要在画面色调、构图、明暗、镜头设计组接、节奏把握等方面进行艺术再创造。与平面设计相比，三维动画多了时间和空间的概念，它需要借鉴平面设计的一些法则，但更多的是要按影视艺术的规律来进行创作。三维动画技术由于其精确性、真实性和无限的可操作性，目前被广泛应用于地产、工业、医学、教育、军

事、娱乐等诸多领域。通过以上内容分析说明三维动画的特点和价值。

③ 从用户角度来说，交互设计是一种让产品易用、有效且让人愉悦的技术，它致力于了解目标用户和他们的期望，了解用户在同产品交互时彼此的行为，了解"人"本身的心理和行为特点，同时还包括了解各种有效的交互方式，并对它们进行增强和扩充。交互设计还涉及多个学科，以及和多领域、多背景人员的沟通。通过对产品的界面和行为进行交互设计，让产品和它的用户之间建立一种有机关系，从而有效达到用户的目标，这就是交互设计的目的。通过以上内容分析说明为什么要进行交互设计。

第2章 | 虚拟现实交互设计的流程与方法

知识目标 ● 掌握三维动画设计、交互界面设计和虚拟现实交互设计的软件与硬件。

能力目标 ● 三维动画设计与交互界面设计的实现过程。

素质目标 ● 了解虚拟现实交互设计的流程与方法，建立专业修养。

学习重点 ● 三维建模、材质贴图、灯光照明、摄像机设置、动画设计、UI控件设计。

学习难点 ● 模型属性与材质贴图调整，灯光、摄像机与动画设计，脚本交互设计与编辑。

2.1 三维动画设计

　　虚拟现实交互设计的三维模型，需要通过三维设计软件来进行设计和制作。本部分的三维动画设计主要针对三维建模、材质贴图、灯光照明、摄像机设置、动画设计、渲染烘焙、模型导出环节进行分析和讲解，以明确三维动画设计的一般方法和原理。

2.1.1 三维建模

　　三维建模的主要内容是利用计算机设计软件构建一个虚拟的场景，三维设计软件有很多，常见的有3ds Max、Maya、Poser、Softimage、Rhino、LightWave 3D、ZBrush等，为了配合后期虚拟现实交互设计的过程，本书案例采用3ds Max软件作为使用对象。在虚拟现实的建模过程中，场景中的模型和物体应遵循游戏场景的建模方式创建简模。

　　3ds Max是一个功能强大的三维建模和动画软件，可以用于虚拟现实三维建模。在3ds Max中创建一个新的场景，并设置适当的比例和测量单位，确保场景大小与虚拟现实中的要求相匹配。使用3ds Max的构建工具，如立方体、圆柱体、球体等来创建基本几何体。这些几何体将成为虚拟现实场景中的对象。通过移动、旋转和缩放来修改几何体的形状和位置，以适应设计需求。可以使用3ds Max的编辑工具来进行这些操作。

　　虚拟现实的建模和做效果图、动画的建模方法有很大的区别，主要体现在模型的精简程度上。影响VR-DEMO最终运行速度的三大因素为：VR场景模型的总面数、VR场景模型的总个数、VR场景模型的总贴图量。在掌握了建模准则以后，设计者还需要了解模型的优化技巧。模型的优化不光要对每个独立的模型面数进行精简，还需要对模型的个数进行精简，这两个数据都是影响VR-DEMO最终运行速度的元素之一，所以优化操作是必需的，也是很重要的。3ds Max中的建模准则基本上可以归纳为以下两点。

模型个数的精简：在模型创建完成以后，利用Attach（合并）命令和Collapse（塌陷）命令可以对后期同类材质或者同一属性的模型进行合并处理，以减少模型的个数。

模型面数的精简：Plane（面片）模型面、Cylinder（圆柱）模型面、Line（线）模型面、曲线形状模型、bb-物体的表现形式尽量用少的面数和分段去表现。模型创建完成以后，删除模型之间的重叠面、交叉面和看不见的面。

2.1.2 材质贴图

在完成场景模型的建立之后，即可为该模型添加材质。使用3ds Max的材质编辑器来创建和编辑材质，给模型添加适当的材质和纹理，以提高逼真度，提升视觉效果。在材质设计和制作过程中，最好利用3ds Max默认的标准材质进行制作，可在漫反射通道添加一张纹理贴图。材质的命名和其他参数可以根据项目的需要和个人习惯进行设置。在3ds Max中，材质贴图是用于给模型表面添加纹理和颜色的图像，使用材质贴图的步骤如下。

① 打开3ds Max软件并导入模型。

② 在右侧的材质编辑器中，点击"Standard"（标准）选项，选择一个适合模型的材质类型。

③ 在"Diffuse Color"（漫反射颜色）下方，点击"Maps"（贴图）按钮，在弹出窗口中选择贴图文件，或者拖放贴图文件到"Diffuse Color"下方的小框中。

④ 材质贴图现在已经应用到了模型的表面上。可以通过调整贴图的参数来达到想要的效果，例如修改贴图的平铺重复次数、缩放比例和旋转度数等。

此外，还可以添加其他类型的贴图来增强模型的效果，例如，法线贴图可用于模拟凹凸表面细节，增加模型的真实感。凹凸贴图可控制模型表面的高低起伏，创建立体感。反射贴图可控制物体表面的反射程度，增加模型的光泽感。环境贴图可用于给物体周围环境添加背景和反射。

在3ds Max中，可以使用多个贴图来同时创建复杂的材质效果。在使用贴图之前，记得要先将它们设置正确，包括尺寸、比例和坐标轴，确保它们与模型完全匹配。

如果需要将物体烘焙为Lighting Map，一般设置材质类型为Architectural、Lightscape Mtl、Standard；在作图必须使用其他材质时，一般需要将该物体烘焙为Complete Map。由于有些后期交互设计软件不能识别多维子物体材质，所以在材质制作过程中，最好利用UVW贴图展开功能进行贴图的绘制和表现。

材质贴图设计流程一般包括以下几个步骤。

① 材质属性确定。确定材质的属性类别，利用标准材质，在漫反射通道添加一个位图文件来模拟物体的表面纹理。若物体带有半透明属性，还需要在材质的不透明通道添加一个黑白位图遮罩。

② UVW贴图坐标调整。将材质赋予到场景中的模型，若发现纹理在模型表面显示不正确，可以为模型添加UVW贴图坐标修改器，根据模型的造型特征，选择合适的贴图坐标方式。

③ UV贴图拆分。当为物体添加完UVW贴图坐标以后，还可以利用Unwrap UVW编辑修改器对模型的UV进行拆分，输出平面贴图到Photoshop中进行绘制，然后再指定给场景中的模型物体。

通过以上步骤基本可以完成物体材质的制作，对于物体表现的特殊高光和反射属性可以不用调整，在后期交互设计软件中可以调节出非常优秀的材质效果。

2.1.3 灯光照明

3ds Max是一款专业的三维建模和渲染软件，它提供了丰富的工具和功能来完成灯光照明设计。下面是一些关于在3ds Max中进行灯光照明的基本步骤。

选择合适的灯光类型：在3ds Max中有多种不同类型的灯光可供选择，包括点光源、方向光、聚光灯、环境光等。根据场景的需求选择合适的灯光类型。

调整灯光参数：根据需要调整灯光的亮度、颜色、投射阴影等参数。可以在灯光属性管理器中找到这些选项。

设置灯光的位置和方向：通过移动灯光对象来调整灯光的位置，通过旋转灯光对象来确定灯光的方向。可以使用视图窗口上的移动、旋转、缩放工具来完成这些操作。

使用辅助工具：3ds Max中还有一些辅助工具可以更好地调整灯光照明效果，比如光线追踪器、曝光控制器、区域灯光等。可以根据需要使用这些工具来优化灯光效果。

调整渲染设置：灯光照明的效果在最后的渲染过程中才能真正展现出来。在进行最终渲染之前，需要调整渲染设置，如分辨率、渲染器类型、阴影质量等，以确保最终效果符合预期。

灯光照明设计主要是对场景创建灯光的过程，其目的在于照亮整个场景，增加场景的色调和氛围。充分利用3ds Max提供的灯光工具和功能，结合良好的设计理念和审美观念，可以创建出真实、鲜活的灯光效果，让场景更加生动和吸引人。灯光的布置有很多种方法，可结合实际项目具体选择。下面的场景布光方式可供参考（图2-1）。

以上布置灯光的方法先是把一个物体理解成一个Box，它由6个面组成，为了控制和表现每个面的明暗关系，可以在各个面都打一盏灯，每盏灯的参数不一样（图2-2）。也可以把整个场景理解成一个Box，细节部分可以通过添加辅助灯光进行局部调节。

图2-2中各项灯光的参数设置如下：

1号灯是主灯，建议亮度在0.8～1.0，色调可以偏暖，开启阴影。

2号灯是天光，建议亮度在0.6左右，把环境色改成白色。

3号、4号灯是背光辅助灯，模拟天空对物体的影响。灯亮度为0.1～0.3。

5号灯是照亮物体底部和顶部的。灯亮度为0.3～0.5。

6号、7号灯是照亮物体亮面的，目的是让亮面更亮。灯亮度为0.1～0.3。

8号灯是照亮地面和物体顶部的。灯亮度为0.1～0.3。

跟室内制作一样，无论如何创建灯光，目的都在于渲染出好的灯光效果。所以灯光的照明设计也会因人而异，以上只是一种灯光照明的方法，仅供参考。

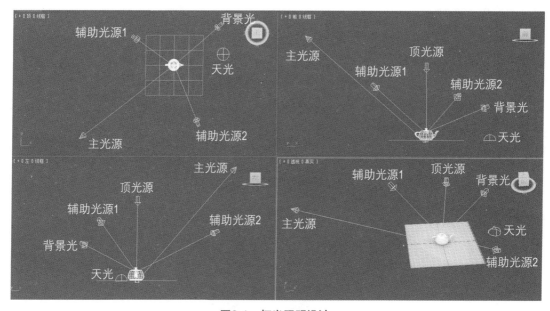

图2-1　灯光照明设计

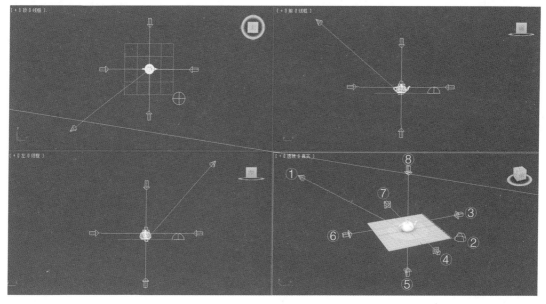

图2-2　灯光参数设计

2.1.4 摄像机设置

在3ds Max场景中设置的摄像机可以输出到Unity中使用。对于摄像机的参数也没有特别的要求，而且摄像机不是必需的，也可以选择在Unity中设置摄像机。3ds Max中摄像机的创建主要有以下几个关键参数。

（1）目标摄像机的创建

目标摄像机由两个对象组成：摄像机和摄像机目标。摄像机代表观察者的眼睛，目标指示的是观察点。设计者可以独立地变换摄像机和目标，但是摄像机总要注视它的目标。要创建目标摄像机，可进行如下操作。

① 单击Create（创建）面板上的"Camera"（摄像机）按钮。

② 单击在Object Type（对象类型）卷展栏中的"Target"（目标）摄像机按钮。

③ 可以在任何视图窗口中，优先在Top（俯视）视图中，在要放置摄像机的地方单击鼠标，然后拖拽至要放置目标地方释放鼠标。

（2）自由摄像机的创建

自由摄像机是单个的对象，即摄像机。要创建自由摄像机，按如下步骤操作。

① 单击Create面板的"Camera"按钮。

② 单击在Object Type卷展栏上的"Free"（自由）摄像机按钮。

③ 单击任何视图窗口来创建自由摄像机。

对于跟随路径的动画来说，使用自由摄像机就比目标摄像机容易，自由摄像机将沿路径倾斜，而这些目标摄像机是做不到的。可以使用Look At（注视）控制器把自由摄像机转变为目标摄像机。Look At控制器可拾取任何对象作为目标。

（3）摄像机参数

定义两个相互关联的参数就可确定摄像机观察场景的方法，这两个参数是：视野（FOV）和镜头的焦距（Lens）。这两个参数描述单个摄像机的属性，所以改变FOV参数即改变镜头参数，反之亦然。

（4）设置视野

FOV描述通过摄像机镜头所看到的区域。缺省状态下，FOV参数是摄像机视图锥体的水平角度。可在FOV方向弹出按钮中指定FOV是不是水平的、对角的、竖直的，这使得匹配真实世界的摄像机的操作变得容易。对以上进行改变仅仅影响测量的方法，对摄像机的实际视图是没有影响的。

（5）设置焦距

焦距是以毫米为单位来测量的，它指的是从镜头的中心到摄像机焦点的长度（焦点是捕获图像的地方）。在3ds Max中，较小的Lens值将创建较宽的FOV，让对象显示得距摄像机较远。较大的Lens值创建较窄的FOV，且对象显示得距摄像机比较近。小于50毫米的镜头被称为广角镜头，而长于50毫米则被称为长焦镜头。

摄像机也可以被设置为正交视图，在这个视图中是没有透视的。设置正交视图的好处是在视图窗口中显示的对象是按它们的相对比例显示的。启动这个选项后，摄像机会以正投影的角度面对物体。

Stack Lenses（预设镜头）：以内建的预设镜头作为摄像机使用的镜头。

Type（类型）：切换摄像机的类型。

Show Horizon（显示水平线）：启动此选项后，系统会将场景中的水平线显示在屏幕上。

Show Cone（显示锥形视野）：启动此选项后，系统会将代表摄像机覆盖视野的锥形物体显示在屏幕上。

Environment Ranges（环境范围）：设定摄像机取景的远近区域范围。

Near Range（最近范围）：设定环境取景效果作用距离的最近范围。

Far Range（最远范围）：设定环境取景效果作用距离的最远范围。

Show（显示）：启动此选项，摄像机环境效果的作用范围将会以两个同心球来表示。

Clipping Planes（切片平面）：设定摄像机作用的远近范围。

Clip Manually（手动切片）：以手动的方式来设定摄像机切片作用是否启动。

Near Clip（切片最近值）：设定摄像机切片作用的最近范围。

Far Clip（切片最远值）：设定摄像机切片作用的最远范围。

在3ds Max中设置摄像机可以通过以下步骤进行。

① 打开3ds Max软件，创建或打开一个场景。

② 在左侧的创建面板中选择"摄像机"工具。默认情况下，"创建摄像机"按钮在工具栏的最上方。

③ 在视图窗口中点击并拖动鼠标，创建一个新的摄像机对象。也可以在创建面板中点击一次来创建一个默认位置和朝向的摄像机。

④ 创建摄像机后，可以在"选择模式"下拉菜单中切换到"摄像机模式"，以便编辑摄像机属性。

⑤ 在"工具设置"中，可以调整摄像机的参数，如焦距、透视类型、近远剪裁平面、背景颜色等。根据需要和场景要求设置参数。

⑥ 可以使用摄像机控制器来改变摄像机的位置和朝向。在视图窗口中，选择"基本

视图"并点击"摄像机控制器"进行调整。

⑦ 如果需要预览场景中的摄像机视角，可以在视图窗口中选择"摄像机"菜单，然后选择所需的摄像机视图。

⑧ 如果想要渲染出摄像机视角的图像，可以在渲染设置中选择所需的摄像机，并设置其他渲染参数后进行渲染。

在3ds Max中设置摄像机，通过调整参数和控制器来实现所需的视角效果。

2.1.5 动画设计

3ds Max是一款非常强大的三维建模、动画和渲染软件，广泛应用于电影制作、游戏开发和建筑可视化等领域。如果虚拟现实场景需要动画和交互，可以使用3ds Max的动画和模拟工具来创建运动、物理效果和用户交互。这将增加虚拟现实场景的真实感和趣味性。动画设计环节主要针对场景中的模型做动画设置，下面是3ds Max动画设计的步骤和技巧。

规划和准备：在开始动画设计之前，需要明确设计目标和要表达的内容。确定动画的时间长度、场景设置、角色设定等，并收集所需的参考资料和素材。

创建场景与角色：使用3ds Max中的建模工具创建所需的场景和角色。可以选择绘制基本的几何体如方块、球体，或者使用插件进行高级的建模。确保场景和角色的比例和细节适合动画需求。

动画布局：使用3ds Max中的动画布局工具将场景和角色放置在时间轴上。可以设置关键帧，控制物体的位置、旋转和缩放，以实现所需的动作和运动效果。

添加动画效果：利用3ds Max强大的动画工具来添加特效和动画效果，如变形动画、粒子效果、碰撞效果等。可以根据需要调整动画的速度、时间曲线和缓动效果，以增加动画的真实感和吸引力。

灯光和材质设置：在动画设计过程中，合适的灯光和材质设置可以提升场景的视觉效果。可以使用3ds Max中的灯光工具来调整光源的位置、颜色和强度，并使用材质编辑器创建逼真的材质效果。

渲染和导出：完成动画设计后，通过3ds Max的渲染器将动画呈现为图像序列或视频文件。选择适当的渲染设置，如分辨率、帧速率、输出格式等，并进行渲染和导出。

总之，3ds Max提供了丰富的工具和功能，可以实现各种复杂的动画设计。掌握和运用这些工具可能需要一定的理论学习和实践，建议多尝试和探索，参考教程和案例，以不断提升技能水平。

2.1.6 渲染烘焙

在3ds Max中为模型添加了材质和灯光之后，既可用3ds Max默认渲染器Scanline渲染，也可使用高级光照渲染或者插件进行渲染。由于场景在VR场景里的实时效果取决于3ds Max的建模和渲染的表现，因此渲染质量的好坏和错误的多少都将影响场景在VR场景中的实时效果。

在模型导出之前，可以对场景进行烘焙设置。烘焙就是把3ds Max中的物体的光影以贴图的方式带到VR场景中，以求真实感；相反，如果不对物体进行烘焙而直接将其导入VR场景中，其效果是不真实的。为加强真实感，可以利用高级光照渲染。在3ds Max中进行烘焙的工具是"Render"（渲染）→"Render to Texture"（渲染到纹理）命令。对场景进行渲染，在对渲染效果感到满意的情况下，对场景进行烘焙。其操作步骤如下：

① 在3ds Max中选择需要烘焙的模型。

② 单击"Render"→"Render to Texture"，或在关闭输入法状态下直接按下数字键"0"，随后便会弹出"Render to Texture"对话框。

③ 依次进行相应的参数调节和修改，设置完毕后点击"Render"开始烘焙。

在烘焙贴图选择中，主要有两种方式：Lighting Map和Complete Map。Lighting Map的优点是贴图清晰，耗显存低，如果是Unity的话可以通过在软件里调节对比度来改善；缺点是只支持3ds Max默认的材质，光感稍弱，要设计表面丰富的效果的话只能在Photoshop中绘制，对美工要求很高。Complete Map的优点是光感好，支持3ds Max大部分材质，如复合材质和多维材质等，能编辑出很多丰富的效果；缺点是贴图模糊，耗显存高，不过可以通过增大烘焙尺寸来解决贴图模糊的问题。

既然是做虚拟现实，显存的优化是很重要的。所以室内和室外比较大的场景建议使用Lighting Map，在VR场景里还可以调整和优化。小部件物体和产品可以考虑使用Complete Map，本身物体小，数目也不多，可以做出最佳、最丰富的效果。

2.1.7 模型导出

将3ds Max中的动画导入Unity有几种不同的方法，以下是一种常用的流程方法。

① 导出为FBX文件。在3ds Max中完成动画设计后，将动画导出为FBX文件格式是最常用的方法之一。在3ds Max中，选择导出选项并选择FBX格式，然后设置导出参数，例如文件路径、轴向、动画范围等。

② 导入Unity。打开Unity，创建一个新项目或打开现有项目。在Unity的项目窗口中，将FBX文件拖放到场景中或资源文件夹中。Unity将自动导入FBX文件及其相关的纹理、材质和动画信息。

③ 导入动画。在Unity中，导入的FBX文件将作为一个游戏对象（GameObject）出现。可以选择该对象，在检视面板中查看其属性。查找并选择动画控制器组件，并将其属性设置为导入的FBX文件的动画。

④ 创建动画控制器。如果FBX文件包含多个动画，需要创建一个动画控制器

（Animator Controller）来管理这些动画。在Unity的项目窗口中，右键点击并创建一个动画控制器文件。在动画控制器的状态机中添加不同的动画剪辑，并创建动画控制逻辑以实现动画播放的转换。

⑤ 应用动画。将动画控制器组件附加到游戏对象上，并在需要播放动画的脚本中调用相关的动画控制逻辑。可以使用代码、触发器或其他方式触发动画播放。

Unity交互界面设计

虚拟现实交互主要通过后期交互软件进行设计和制作。本部分的Unity交互界面设计主要讲解模型属性与材质贴图调整，灯光、摄像机与动画设计，UI控件设计，脚本交互设计与编辑，特效与环境制作，编译输出这几个环节，以明确交互设计的一般原理和方法。

2.2.1 模型属性与材质贴图调整

在Unity中，通过烘焙导入Unity场景的模型和贴图，可以通过Unity的Transform组件、材质系统和Shader系统进行详细的修改和调整。模型属性和材质贴图可以通过不同的方法进行调整。

（1）模型属性调整

缩放： 在Unity中，可以通过选中模型并在Inspector面板的Transform组件中调整Scale值来缩放模型。

位置： 通过调整模型的Transform组件中的Position值来改变模型的位置。

旋转： 通过修改模型的Transform组件中的Rotation值来对模型进行旋转。

（2）材质贴图调整

贴图纹理： 在Unity中，每个材质都有一个或多个贴图槽，可用于加载不同的贴图纹理。可以在Inspector面板的Material组件中选择贴图纹理，并将其拖放到贴图槽中。

设置纹理属性： 通过点击贴图纹理的Import按钮，可以打开纹理导入设置窗口，可以在该窗口中调整纹理的各种属性，例如纹理的大小、压缩格式、平铺方式等。

调整材质属性： 用Shader Graph或者编写着色器脚本的方式，可以调整模型的材质属性，例如颜色、透明度、反射强度等。

请注意，以上是一些常见的方法，具体的调整方式取决于模型和材质的具体设置。在使用Unity进行模型属性和材质贴图调整时，建议查阅Unity的官方文档或者相关教程，以获得更详细和准确的指导。

2.2.2 灯光、摄像机与动画设计

在Unity中，灯光、摄像机和动画是创建渲染和交互效果的重要组成部分。

（1）灯光设计

Unity提供了几种不同类型的灯光组件，包括平行光（Directional Light）、点光源（Point Light）、聚光灯（Spotlight）和区域光源（Area Light）等。对于灯光的设计，可以使用以下方法：

① 在场景中添加灯光组件，并调整其属性，如颜色、强度、阴影等。

② 使用灯光的位置和方向来控制场景中物体的明暗以及投射的阴影效果。

③ 可以创建动态的灯光效果，如闪烁、渐变等。

（2）摄像机设计

在Unity中，可以使用以下方法进行摄像机的设计：

① 在场景中添加摄像机组件，并调整其属性，如位置、旋转、视野、裁剪距离等。

② 可以通过代码或动画来实现摄像机的移动、旋转和缩放效果。

③ 使用Cinemachine工具来实现复杂的摄像机跟随和切换效果。

（3）动画设计

Unity中有多种方式可以创建和控制动画：

① 使用Animator组件来创建角色动画状态机，包含不同的动画状态和过渡条件。

② 在Animator Controller中设置动画状态之间的过渡，并为角色不同动作设置相应的动画片段。

③ 可以使用Timeline工具来创建复杂的剧情动画，并与其他系统（如音频、粒子）进行整合。

通过这些设计方法，开发者可以实现灯光照明、摄像机视角控制和动画呈现。利用Unity提供的编辑器和组件，可以方便地进行可视化的设计和调整，以实现特定的效果。

2.2.3 UI控件设计

Unity中的UI控件设计主要分为两种类型：Canvas UI和World Space UI。

Canvas UI（屏幕空间UI）是最常用的UI设计方式，它将UI元素始终保持在二维平面的屏幕上。Canvas作为UI元素的容器，可以包含各种UI元素，如Button、Text、Image等。在Canvas上可以使用以下设计方法：

① 在Hierarchy面板中创建一个Canvas对象，然后在Canvas对象下创建所需的UI组件。

② 使用RectTransform组件对UI元素进行布局和定位。

③ 使用Image组件设置背景图片。

④ 使用Text组件设置文字内容和样式。

⑤ 使用Button组件添加响应事件。

World Space UI（世界空间UI）是将UI元素以三维物体的形式放置在场景中，可以随摄像机的位置和角度的变化而改变显示位置。使用World Space UI可以创建更复杂的3D界面效果，包括游戏中的交互界面、角色头顶血条等。在World Space UI中可以使用以下方法设计界面：

① 创建一个包含Canvas、EventSystem和摄像机的空对象，作为UI的根节点。

② 在根节点下创建所需的UI元素，如Button、Text、Image等。

③ 使用RectTransform组件和Transform组件对UI元素进行布局和定位。

④ 使用GraphicRaycaster组件使UI元素能够接收鼠标或触摸事件。

⑤ 使用CanvasScaler组件调整UI元素在不同分辨率屏幕上的自适应性。

无论是Canvas UI还是World Space UI，Unity提供了许多可视化编辑器和组件来方便进行UI设计和调整。使用这些方法和技术，开发者可以灵活地创建各种类型的界面，实现所需的交互效果。

2.2.4 脚本交互设计与编辑

Unity是一款流行的游戏开发引擎，可以用于创建各种类型的游戏和应用程序。在Unity中，脚本交互设计与编辑是非常重要的一部分，因为它允许开发者为游戏添加逻辑和交互性。

Unity使用C#作为主要的脚本语言，因此，要设计和编辑Unity中的脚本交互，需要熟悉C#编程语言。以下是关于Unity脚本交互设计与编辑的步骤和一些技巧。

创建一个新的C#脚本：在Unity中，可以右键点击所需的GameObject或资源，选择"Create"→"C# Script"来创建一个新的脚本。给脚本起一个有意义的名字，并将其附加到想要添加交互性的对象上。

打开脚本编辑器：Unity提供了内置的脚本编辑器MonoDevelop和Visual Studio。可以选择其中一个作为脚本编辑器，开始编辑脚本。

编写脚本代码：在脚本编辑器中，可以开始编写C#代码来实现所需的交互逻辑。可以定义变量、函数和事件等，来处理用户输入和对象之间的交互。

与Unity引擎交互：Unity提供了一系列的API（应用程序编程接口）来处理游戏对象和场景中的交互。可以使用这些API来访问和修改游戏对象的属性、触发动画、播放音效等。

在Unity中使用脚本：完成了脚本的编写，可以将其附加到相应的游戏对象上。在

Unity编辑器中选择目标游戏对象，在Inspector窗口中找到脚本，并将其拖放到目标对象上。

测试与调试：在Unity中，可以通过点击"Play"按钮来测试交互设计。如果存在问题，可以使用调试工具来检查代码并进行修复。

2.2.5 特效与环境制作

Unity是一个流行的游戏引擎，它提供了丰富的特效和环境制作工具来创建高质量的游戏体验。以下是一些在Unity中特效和环境制作的常见技术和步骤。

（1）特效制作

粒子系统：使用Unity的粒子系统可以创建各种特效，如火焰、爆炸、烟雾等。通过调整粒子的大小、颜色、速度、发射器属性等参数，可以实现所需的特效效果。

光照与阴影：Unity提供了灯光组件，可用于场景照明，并生成阴影效果。可以根据需要调整灯光的颜色、强度、范围、阴影类型等属性来实现不同的光照效果。

物理引擎：Unity内置了物理引擎，可以模拟现实世界中的物理效果，例如重力、碰撞、摩擦等。通过设置物理材质、刚体属性、碰撞器形状等，可以制作不同类型的动态特效。

（2）环境制作

场景布置：通过Unity的场景编辑器，可以将场景中的各种元素进行排列和组合，如地形、建筑、植被等。可以使用预制件（Prefab）来快速布置复杂的场景。

材质与纹理：Unity支持多种材质类型和纹理映射技术，可以给场景中的物体赋予逼真的外观。可以使用图像编辑软件创建和编辑材质贴图，并将其应用于模型上。

阳光和天空盒：通过调整天空盒和阳光的属性，可以营造出不同的氛围和光照效果。可以使用HDR（高动态范围）图片作为天空盒，使场景更加逼真。

除了上述技术之外，还有很多其他更高级的特效和环境制作技术可以在Unity中实现，如实时全局光照（Realtime Global Illumination）、后期处理（Post Processing）、音频效果等。建议根据具体需求和技术要求深入学习相关教程和文档，逐步提升自己的制作水平。

在VR场景中，除了应用天空盒来烘托场景的气氛，还可以添加雾效，以模拟出一种景深效果。用户可方便地在场景中调节雾效的颜色与距离，从而更好地模拟虚拟环境的真实感和距离感。在Unity的Hierarchy面板，可以通过创建粒子系统进行环境特效的制作。

2.2.6 编译输出

Unity提供了多种平台类型来进行编译输出，包括但不限于以下几种。

Windows平台：适用于Windows操作系统的编译输出，可以生成可在Windows上运行的应用程序或游戏。

Mac平台：适用于Mac操作系统的编译输出，可以生成可在Mac上运行的应用程序或游戏。

Linux平台：适用于Linux操作系统的编译输出，可以生成可在Linux上运行的应用程序或游戏。

iOS平台：适用于iOS设备的编译输出，可以生成可在iPhone、iPad等iOS设备上运行的应用程序或游戏。

Android平台：适用于Android设备的编译输出，可以生成可在Android手机、平板等设备上运行的应用程序或游戏。

除了以上常见的平台，Unity还支持其他一些特定平台的编译输出，例如WebGL、PlayStation、Xbox等。开发者可以根据实际需求选择不同的平台类型进行编译输出。Unity中编译输出的方法主要有以下两种。

通过Unity编辑器进行编译输出：在Unity编辑器中选择目标平台，然后点击菜单栏的"File"→"Build Settings"打开编译设置窗口，选择相应的平台，再点击"Build"按钮即可进行编译输出。

使用命令行工具进行编译输出：Unity提供了一些命令行工具，开发者可以使用这些工具进行批量的编译输出。具体的使用方法可以参考Unity官方文档中关于命令行工具的说明。

无论是使用Unity编辑器还是命令行工具进行编译输出，都需要事先配置好对应平台的相关设置，例如选择合适的平台模块，设置图形渲染API，导入对应平台的SDK（软件开发工具包）等。只有在进行了正确的设置后，才能成功地进行编译输出。

2.3 虚拟现实交互设计的软件和硬件

虚拟现实技术研究内容很广，基于现在的研究成果及国际上近年来关于虚拟现实研究前沿的学术会议和专题讨论，在目前及未来几年的主要研究方向有感知研究领域、人机交互界面、高效的软件和算法、廉价的虚拟现实硬件系统、智能虚拟环境。

就感知研究领域而言，视觉方面较为成熟，但对其图像的质量要进一步加强；在听觉方面，应加强听觉模型的建立，提高虚拟立体声的效果，并积极开展非听觉研究；在触觉方面，要开发各种用于人类触觉系统的VR触觉设备和计算机控制机械装置。

智能虚拟环境是虚拟环境与人工智能和人工生命两种技术的结合。它涉及多个不同学科，包括计算机图形、虚拟环境、人工智能与人工生命、仿真、机器人等。该项技术的研究将有助于开发新一代具有行为真实感的实用虚拟环境，支持分布式虚拟环境中的交互协同工作。

2.3.1 虚拟现实交互设计的软件

虚拟现实交互设计的软件工具主要分为以下几类。

三维建模与设计软件：用于创建虚拟现实场景和对象的三维建模软件，如Maya、Blender、3ds Max等。这些软件可以用来设计和构建虚拟环境的各种元素，包括建筑物、道具、角色等。

渲染引擎：负责将三维场景渲染成逼真的图像或视频的软件工具，如Unity、Unreal Engine等。渲染引擎提供了强大的图形处理功能和物理模拟功能，可以实现虚拟环境的高质量渲染和动画效果。

交互设计工具：用于设计和调试虚拟现实应用的交互界面和交互方式的工具，如Sketch、Adobe XD等。这些软件提供了丰富的界面组件和交互设计功能，可以帮助设计师设计和演示虚拟现实交互的流程和效果。

视频编辑软件：用于后期处理和编辑虚拟现实应用的软件工具，如Adobe Premiere Pro、Final Cut Pro等。这些软件可以对虚拟现实应用的录制视频进行剪辑，调整画面效果，并进行音频处理和特效添加。

VR界面设计工具：专门设计虚拟现实界面和交互的工具，如VR Sketch、Gravity Sketch等。这些工具提供了直观的界面设计和交互元素的创建方式，可以快速构建和测试虚拟现实界面。

虚拟现实开发工具包和游戏引擎：例如Oculus SDK、SteamVR等。这些工具和引擎提供了开发虚拟现实应用所需的硬件和软件支持，包括头显跟踪、手势识别、物理模拟等，可以帮助开发人员实现更高级的虚拟现实交互体验。

数据可视化软件：用于将大量数据可视化为虚拟现实环境中的图表、图形或模型的工具，如Tableau、Plotly等。这些软件可以将数据与虚拟现实技术结合，使用户能够以更直观和沉浸的方式分析和探索数据。

运动捕捉软件：用于捕捉人体动作并将其应用到虚拟角色或场景中的软件，如MotionBuilder、iPi Motion Capture等。这些软件可用于记录和转译人体动作，在虚拟现实中实现更真实的互动和动作表现。

除了这些专门用于虚拟现实交互设计的软件外，还有许多通用的设计软件也可以用于交互设计过程，如Photoshop、Illustrator等图像处理软件，以及Axure、InVision等原型设计工具。具体选择使用哪些软件，需要根据项目需求、设计师的熟悉程度和团队的协作方式来确定。

虚拟现实交互设计具有综合性，可能涉及多个软件和工具的使用，设计师可以根据自己的实际情况结合不同的软件来完成设计任务。

2.3.2 虚拟现实交互设计的硬件

虚拟现实交互设计的硬件主要是由体验设备、传感通信（主要是"硬件层面"）、图形引擎、物理引擎（"软件层面"）构成的。基于虚拟现实技术的硬件系统价格相对比较昂贵，是影响VRML（虚拟现实建模语言）技术应用的一个瓶颈。虚拟现实技术的主要研究方向是在外部空间的实用跟踪技术、力反馈技术、嗅觉技术及面向自然的交互硬件设备。

虚拟现实硬件指的是与虚拟现实技术领域相关的硬件产品，是虚拟现实解决方案中用到的硬件设备。现阶段，虚拟现实中常用到的硬件设备大致可以分为四类：建模设备，如3D扫描仪；三维视觉显示设备，如3D展示系统、大型投影系统（如CAVE）、头戴式立体显示器等；声音设备，如三维的声音系统以及非传统意义的立体声；交互设备，包括位置追踪仪、数据手套、3D输入设备（三维鼠标）、动作捕捉设备、眼动仪、力反馈设备以及其他交互设备。虚拟现实交互设计通常需要使用以下硬件设备。

虚拟现实头显（VR Headsets）：虚拟现实头显是使用最广泛的硬件设备，它戴在头部，能够提供沉浸式的虚拟现实体验。一些知名的头显品牌包括Oculus Rift、HTC Vive、Samsung Galaxy Gear VR等。这些头显设备通常包括高分辨率的显示屏、头部追踪技术和内置音频设备。

手柄或手套：为了实现与虚拟环境中的物体交互，通常需要使用特定的控制器，如手柄、手套等。这些控制器可以实时跟踪手部动作，并通过触觉反馈提供更加真实的交互体验。一些虚拟现实头显供应商也提供了自己的手柄或手套设备，如Oculus Touch、HTC Vive Controller等。

追踪系统：为了实现虚拟现实中的身体动作捕捉，需要使用追踪系统。追踪系统通常由多个传感器和摄像头组成，能够准确地追踪用户在物理空间中的位置和动作。这些追踪系统可以用于捕捉头部、手部、身体等部位的运动，并将其应用到虚拟角色或场景中。

计算机设备：为了驱动虚拟现实交互设计，通常需要使用配备高性能硬件的计算机。这包括强大的图形处理单元（GPU）、大容量内存和快速的处理器。同时，计算机设备还需要支持特定的连接接口，如HDMI、USB等，以连接和控制虚拟现实头显和其他硬件设备。

传感器和触觉反馈设备：为了提供更加真实的虚拟现实交互体验，一些应用可能会使用额外的传感器和触觉反馈设备。例如，呼吸传感器、心率传感器，以及风、震动等触觉反馈设备，可以增强用户的身临其境感。

运动平台（Motion Platform）：运动平台是一种能够模拟用户在虚拟现实中的运动感觉的设备。它通过倾斜、旋转、震动等方式来模拟用户在虚拟环境中的运动，并提供更加真实的身临其境感。运动平台常用于虚拟驾驶、飞行模拟等应用中。

身体感应装置（Body Tracking Devices）：为了更好地捕捉用户的全身动作，可以使用身体感应装置，如全身运动捕捉设备或传感器套装。这些设备通常包含多个传感器和摄像头，用于检测用户的身体姿势和动作，并将其应用到虚拟角色或场景中。

增强现实眼镜（AR Glasses）：增强现实眼镜是一种透明显示技术，它将数字内容实时叠加在现实世界中，从而实现增强现实交互体验。与虚拟现实不同，增强现实眼镜允许用户同时看到现实世界和虚拟内容，为用户提供与虚拟对象的交互。

触摸墙或触摸地板（Touch Walls or Floors）：为了提供更大范围的交互体验，可以使用触摸墙或触摸地板。这些硬件设备覆盖墙面或地面，能够感应用户触摸和手势，实现交互控制和操作。

不同的硬件设备组合可以提供不同的虚拟现实交互体验，设计师可以根据具体项目的需求和预算来选择合适的设备组合进行设计和开发工作。

本章小结

虚拟现实交互设计的流程与方法可以分为需求分析、原型设计、用户测试与验证、交互设计、美学设计、技术实现、用户反馈与迭代等几个步骤。在虚拟现实交互设计过程中，可以采用用户故事板（User Storyboarding）、人机交互设计（Human-Computer Interaction，HCI）、快速原型（Rapid Prototyping）、用户测试和迭代、动态交互设计（Dynamic Interaction Design）等方法。在整个流程中，设计团队需要与相关领域的专业人员密切合作，如心理学家、工程师、艺术家等，以保证虚拟现实交互设计的全面性和高度可用性。此外，也可以结合用户研究、人机交互原理等理论和方法，进行更深入的设计和优化。总之，虚拟现实交互设计需要考虑用户需求、体验和技术实现等因素，通过不断迭代和测试，打造出符合用户期望和场景需求的虚拟现实交互体验。

理论思考

① 虚拟现实带来的是沉浸式的体验，设计者应该通过什么样的方式增强用户在虚拟环境中的存在感？

② 结合身边具体的案例，简述虚拟现实交互设计的流程与方法。

第3章 | 孔明锁结构组装三维动画交互设计

知识目标 ◉ 掌握孔明锁结构建模、材质、灯光、摄像机、动画、烘焙贴图、UI设计以及Unity脚本编译输出等内容。

能力目标 ◉ 能够用3ds Max软件进行材质贴图的制作，后期运用Unity软件进行UI设计和交互设计。

素质目标 ◉ 理论与实践并重，设计与思维融合，最终实现孔明锁结构组装三维动画的交互设计，展示中国古代工匠精深的巧妙构思。

学习重点 ◉ 目标摄像机动画的设计与表现。

学习难点 ◉ 动画组装展示与脚本设计。

　　孔明锁，相传是三国时期诸葛孔明根据八卦玄学的原理发明的一种玩具，曾广泛流传于民间。它起源于古代汉族建筑中首创的榫卯结构，这种三维的拼插器具内部的凹凸部分（即榫卯结构）啮合，十分巧妙。孔明锁原创为木质结构，外观看是严丝合缝的十字立方体（图3-1）。孔明锁类玩具比较多，形状和内部的构造各不相同，一般都是易拆难装。拼装时需要仔细观察，认真思考，分析其内部结构。孔明锁看上去简单，其实内中奥妙无穷，不得要领，很难完成拼合。本章将对孔明锁的组装展示动画进行虚拟现实交互设计，设计者通过每一个步骤的演示和操作，运用UI操控演示动画，从不同的角度和方位去观察孔明锁的造型和结构，从而迅速地实现其形态的拼合和组装。

　　在开始本案例的交互设计之前，需要了解孔明锁结构组装三维动画设计的过程，此部分内容可以扫二维码学习。本案例素材位置：出版社官网/搜本书书名/资源下载/第3章。

▶ 孔明锁结构 ◀
组装三维
动画设计

图3-1　孔明锁

在交互设计过程中，主要通过UI和控件的相关设置，来实现组装动画的交互设计过程。为了确保画面的质量和效果，在导入初始场景的模型后，可以结合Unity中的材质系统进行贴图和纹理的调整，使得贴图在场景中的显示达到一个较为和谐的效果（图3-2）。

图3-2　材质贴图调整

3.1　UI设计

（1）图片按钮的创建

在Hierarchy面板中，新建一个Button按钮控件，然后复制出5个（图3-3），调整其在视图中的位置，使其位于屏幕的下方。在Inspector面板中调整贴图的"Texture Type"为"Sprite（2D and UI）"，方便后期按钮贴图的使用（图3-4）。

（2）图片按钮的贴图设置

在Button控件属性中分别设置图片的Highlighted Sprite和Pressed Sprite的贴图（图3-5）。在场景运行的时候，鼠标的操控使控件的状态有不同的显示效果，这样可以提升视觉识别效果和操作交互体验。按照同样的操作方式，分别对场景中的其他按钮贴图状态进行设置（图3-6）。

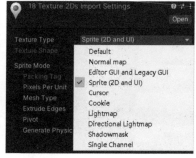

图3-3　Button按钮的创建　　　图3-4　Texture Type设置　　　图3-5　Button贴图的设置

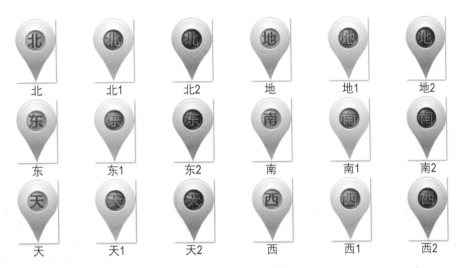

图3-6　贴图状态设置效果

3.2　脚本交互设计

（1）模型动画设置

将3ds Max中制作的动画片段分别赋予到对应模型的组件之中，然后在Inspector面板中设置对应的动画片段时间，与3ds Max动画设置的时间范围保持一致（图3-7）。在Rig模块属性中，设置"Animation Type"为"Legacy"（图3-8）。最后在每个模型的属性面板中添加Animation组件和Animator组件，并在相应的变量上面赋值对应的动画片段和控制器（图3-9）。

图3-7　Animation模块属性设置　　　图3-8　Rig模块属性设置　　　图3-9　动画组件设置

（2）动画播放脚本设置

在Hierarchy面板中，创建一个GameObject空对象，然后为其添加一个PlayAnimScript脚本。脚本内容可扫码学习。

在以上代码中，首先需要在场景中创建一个按钮，并将其绑定到PlayAnimation( )方法上。然后，需要将模型对象和相应的动画剪辑分配给变量model和animationClip（图3-10）。在示例代码中，假设model是需要播放动画的模型对象，animationClip是该模型对应的动画剪辑。

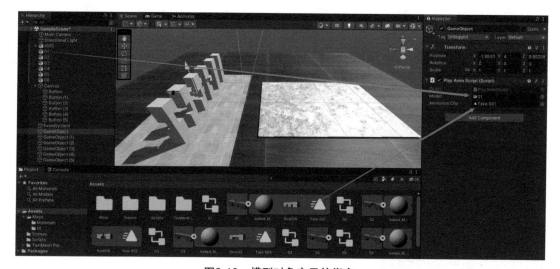

图3-10　模型对象变量的指定

在Start( )方法中，获取了模型的动画组件，并将动画剪辑添加到动画组件中。设置动画的循环播放模式，将动画的播放模式修改为WrapMode.Once，即播放一次后停止。在PlayAnimation( )方法中，按钮被点击时直接播放动画。这样，当点击按钮时，模型的动画自动播放一次后就会停止。这只是一个示例，可以根据具体情况进行修改和扩展。在PlayAnimation( )方法中，当按钮被点击时，检查当前动画是否正在播放。如果没有播放，则将其播放；如果已经播放，则停止动画。

复制多个GameObject对象，将模型对象和相应的动画剪辑分别分配给变量model和animationClip，用于控制不同模型的动画播放对象。然后进入Button按钮的鼠标点击事件中，通过On Click( )方法，将对应的游戏对象拖动到运行变量中，然后在脚本中，找到对应的PlayAnimation( )方法执行（图3-11）。这样运行场景以后点击按钮，就可以实现动画的播放效果了。按照同样的操作方式，其他按钮的设置可以根据Button按钮的设置进行操作，最终完成其他按钮的动画设置。

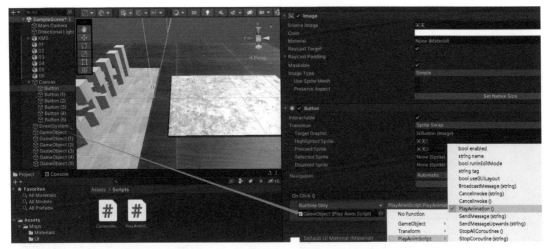

图3-11　按钮鼠标点击事件的设置

（3）摄像机视角脚本设计

为了实现按下鼠标左键摄像机视角自由旋转，可以为场景中的Main Camera对象添加一个脚本进行控制。在Assets（资源）文件夹中新建一个名为"CameraRotation"的C#代码，内容可扫码学习。

摄像机视角
脚本设计

这个脚本使用Unity引擎编写，将其挂载在摄像机对象上即可（图3-12）。通过检测鼠标左键的按下和释放事件，来判断是否开始旋转视角。在鼠标左键按下期间，根据鼠标的位移来计算旋转的角度，并将其应用于摄像机的旋转。rotationSpeed变量控制旋转的速度。需要注意的是，这个示例脚本只提供了鼠标左键旋转视角功能的基本框架，需要根据自己的需求进行定制和扩展。例如，可能需要限制旋转视角的范围、优化鼠标位移的灵敏度等。

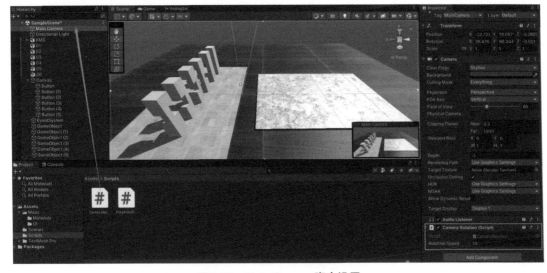

图3-12　Main Camera脚本设置

（4）场景背景音乐的添加

最后一个环节是为场景中添加背景音乐，选择Main Camera对象，在Inspector面板中添加一个Audio Source音频组件（图3-13）。在Inspector面板中勾选"Play On Awake"选项和"Loop"选项，这样在运行场景的时候就会有音乐自动播放和循环播放的效果。

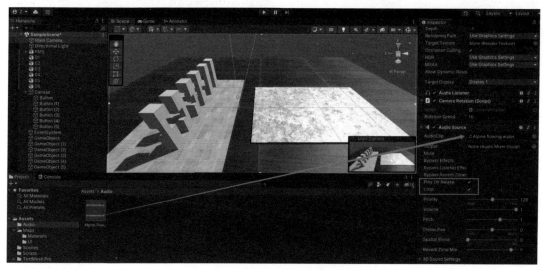

图3-13　Audio Source组件设置

3.3　编译与输出

测试场景是否正常运行，是否实现动画的播放效果，修改、完善和优化场景中的资源效果，完成以上设置之后就可以对场景进行打包输出了。保存场景文件，然后执行File菜单下的"Build Settings"命令（图3-14）。在弹出的对话框中，选择"Platform"为"Windows，Mac，Linux"选项。点击"Player Settings"按钮，可以在弹出的对话框中修改属性设置（图3-15）。设置完成以后，单击"Build"按钮，选择输出保存的文件夹位置，就可以对场景进行整体编译输出了。输出完成以后，可以点击运行文件查看输出效果，其他交互功能可以根据需要实时调整设计。

图3-14　Build Settings设置

图3-15 输出设置

本章小结

通过本章的案例，掌握孔明锁结构组装三维动画交互设计的流程和方法，明确三维贴图和摄像机动画的制作方式，能够按照项目制作的要求和标准进行设计。通过前期模型动画和后期脚本编辑，完成交互场景的设计与制作。在此过程中，要有合理的逻辑思维和创新意识，根据项目的需要和表现的形式进行设计，通过关键技术的运用和脚本的设计，做到融会贯通、举一反三，最终达到设计形式和设计目的的统一。

创意实践

① 根据本章案例的制作流程和方法，分析一下孔明锁的结构组装还有哪些形式。可以从相关书籍或者网络上搜索相关的图片资源作为参考（图3-16、图3-17），借助本章案例的设计流程和方法，运用三维动画和交互设计，尝试制作一个物体结构组装的虚拟展示动画。

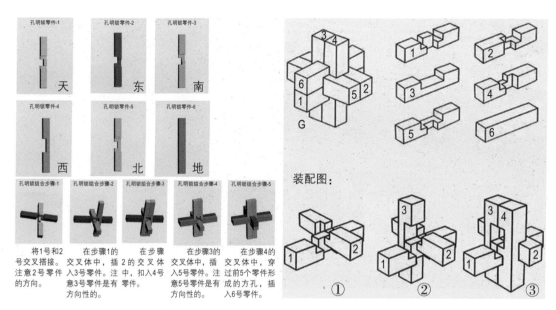

图3-16　孔明锁结构组装参考1

图3-17　孔明锁结构组装参考2

② 自从有了魔方，许多人受到启发，制造了一系列立方体的拆变益智玩具，例如现在的"神龙摆尾"（图3-18）。"神龙摆尾"由若干小木块首尾相连而成，拆开犹如一条蜿蜒的神龙，需要转动木块，把它还原为一个立方体。

本练习要求利用虚拟现实交互设计的方法，运用三维软件3ds Max建模，可参照结构图进行建模制作，并根据组装顺序和层级关系进行动画设计，然后导出到Unity软件进行交互设计与制作，最终完成虚拟展示。

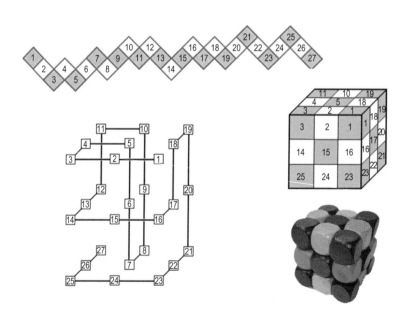

图3-18　"神龙摆尾"结构效果图

第4章 虚拟钢琴动画交互设计

知识目标 ● 掌握虚拟钢琴三维动画与Unity脚本交互设计。

能力目标 ● 能够利用3ds Max软件进行模型动画的制作，运用Unity软件进行材质属性与UI设计。

素质目标 ● 理论联系实际，想象结合创意，最终实现虚拟钢琴动画的交互设计，培养相关视听语言和韵律美感的设计素养。

学习重点 ● 物体材质漫反射和不透明通道贴图的设计。

学习难点 ● 游戏对象动画设计和脚本交互设计。

"拿钢琴来说吧！钢琴有尽头，它有最起始的低音，也有终结的高音。钢琴上有八十八个琴键，琴键的数目有限，你却是无限的，不可计数的。有尽头的钢琴上，你可以挥洒出无止境的旋律。那是上帝的钢琴！而我选错了琴椅。那里有千百万个无止境的琴键，在那钢琴上你再也无法弹奏出任何旋律。"——《海上钢琴师》

本案例的创意灵感来源于电影《海上钢琴师》里面的台词。希望设计一个虚拟的、带有音符的、可以操控的钢琴，借助艺术家的谱曲和创作，弹奏出一首乐曲。虚拟钢琴虽然只有7个音符，但是却能表现音乐里面的音调、响度和音色，能够进行一定的音乐研究和艺术创作。

在开始本案例的交互设计之前，需要了解虚拟钢琴三维动画设计的过程，此部分内容可以扫二维码学习。本案例素材位置：出版社官网/搜本书书名/资源下载/第4章。

本案例交互设计的过程是运用控件创建UI按钮，每个按钮都对应不同的音符和音调，以模拟真实钢琴弹奏的效果。运用Animation制作动画，水果图片会根据不同的节奏翩翩起舞。除此之外，还有背景音乐的开启和关闭效果、相机360°全景展示效果，这些效果都是通过UI按钮和脚本的设置来操控和完成的。按照这个思路和方法，就可以进行虚拟钢琴的动画交互设计了。

▶ 虚拟钢琴三 ◀
维动画设计

4.1 材质属性与UI设计

（1）场景物体材质设计

场景中，平面物体的贴图为半透明贴图，因此需要在材质的Shader属性中选择"Legacy Shaders"→"Transparent"→"Bumped Diffuse"选项（图4-1）。对于其他平面物体的材质，分别建立不同的材质球，为其赋予对应的材质显示，其他材质效果根据前期3ds Max中制作的材质进行微调（图4-2）。

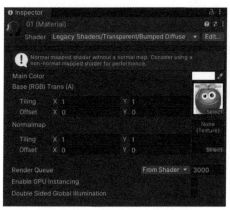

图4-1　半透明材质的设置　　　　　图4-2　金属/烤漆材质

（2）UI设计

设计制作钢琴键盘的图片按钮，分为三种状态：颜色模式状态、高亮显示状态和灰色显示状态，分别对应后期贴图设置的Source Image、Highlighted Sprite和Pressed Sprite通道（图4-3）。在Inspector面板中设置对应的Source Image图片，将"Transition"更改为

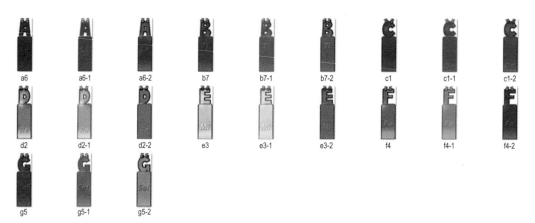

图4-3　图片按钮的贴图设计

"Sprite Swap"模式，分别为Target Graphic、Highlighted Sprite、Pressed Sprite通道设置对应的贴图（图4-4）。调整音符按钮的位置位于屏幕视图的下方，调整音乐控制按钮位于屏幕视图的右下角（图4-5）。这样窗口中所有的UI按钮就设计完成了。

图4-4　图片按钮的设置

图4-5　UI按钮的视图布局

4.2　游戏对象动画设计

（1）模型动画设置

将3ds Max导入的动画模型拖动到Hierarchy面板中，然后将动画片段"Take 001"分别赋予到场景中所有的球体模型（图4-6）。然后在对应模型的Inspector面板中，将对应的动

图4-6　Animator组件设置

画控制器分别赋予到场景中的球体模型（图4-7）。以上就完成了模型动画的基本设置，运行场景就可以观察运行效果。

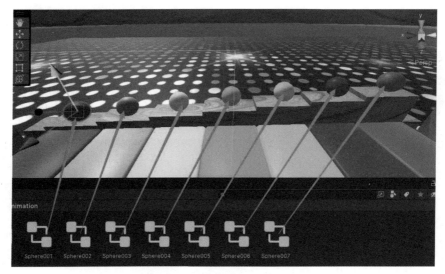

图4-7　动画控制器变量设置

（2）水果音符动画设计

按下Ctrl+6组合键，打开Animation面板，选择场景中的一个平面对象，添加Position属性为关键帧，拖动时间滑块到第60帧的位置，沿着Y轴向上移动物体60～70个单位。具体位移尺寸根据视图中的实际尺寸而定，确保平面物体接触到上方横梁的位置即可。然后点击"Add Keyframe"按钮（图4-8），这样物体向上位移的动画就做好了。其他6个平面物体按照以上操作步骤，初始帧的位置依次递增偏移20帧，这样后期运行场景会有延迟动画的播放。选择对应的时间范围进行相应的操作，即可完成水果音符关键帧的动画设计。完成动画设置以后，分别为模型添加Animation组件，并且勾选"Play Automatically"选项（图4-9），将"Wrap Mode"设置为"Ping Pong"往复运动，这样运行场景就可以按照时间设置的先后顺序自动播放动画了。

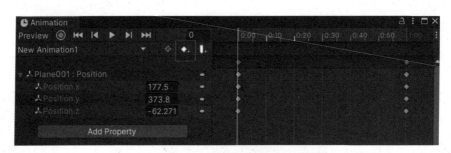

图4-8　关键帧动画设置

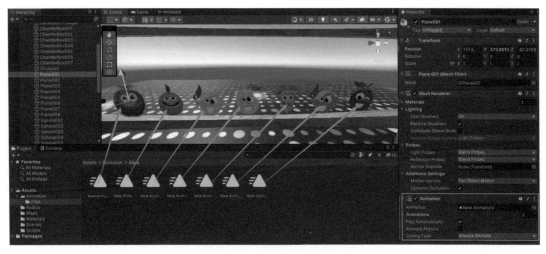

图4-9　动画片段的设置

4.3　脚本交互设计与音乐制作

（1）按钮音效脚本设计

将7个音效文件素材导入场景，然后在Hierarchy面板中创建7个GameObject空对象，将音效文件作为Audio Source组件分别指定给对应的GameObject游戏对象（图4-10）。取消"Play On Awake"选项和"Loop"选项，后期通过脚本控制其播放效果。在Assets文件夹中新建一个ButtonClickSound的脚本，用来实现点击按钮时播放一次音效的功能。脚本内容可扫码学习。

按钮音效
脚本设计

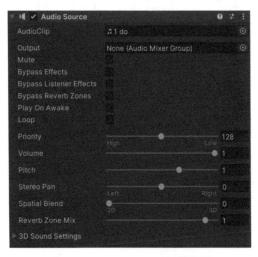

图4-10　Audio Source组件设置

　　将此脚本附加到按钮对象上，并将想要播放的音效文件分配给clickSound变量（图4-11），确保在按钮对象上有一个Audio Source组件。然后，在相关按钮上添加一个OnClick( )事件，在事件中调用ButtonClickSound类的PlayClickSound( )方法（图4-12）。这将激活按钮上的音效，当按钮被点击时，音效就会播放一次。按照同样的方式，分别为场景中的按钮添加对应的游戏对象，并指定对应的鼠标点击事件方法。

图4-11　clickSound变量设置

图4-12　鼠标点击事件设置

（2）背景音乐设计

　　场景中背景音乐可以通过按钮实现播放和暂停功能，因此需要有对应的游戏对象，添加音频组件，为其指定背景音乐。创建一个MusicController的脚本，用于实现点击一个按钮播放音乐，点击另一个按钮停止音乐。脚本内容可扫码学习。

背景音乐设计

　　上述脚本需要在Unity中创建两个按钮"Play Button"和"Stop Button"，并将它们分别拖拽到对应的Button变量中。此外，还需要将Audio Source组件拖拽到audioSource变量中（图4-13）。

图4-13　音频组件与变量指定

（3）模型动画设计

在Unity中点击按钮实现播放模型动画面板制作的关键帧动画，要在Unity中为动画模型对象添加一个Animation组件。可以右键点击AnimationController对象，选择"Add Component"→"Animation"，创建一个C#脚本，命名为"AnimationPlayer"，并将其附加到所有音符按钮对象。打开AnimationPlayer脚本，开始编写脚本逻辑。脚本内容可扫码学习。

▶ 模型动画
设计 ◀

在Inspector面板中，将Animation组件拖拽到AnimationPlayer脚本的animation字段中（图4-14）。运行游戏，在场景中点击"PlayButton"按钮，将会触发PlayAnimation( )方法，播放关键帧动画。

图4-14　AnimationPlayer脚本设置

（4）摄像机视角切换设置

要实现按下空格键切换摄像机的视角，可使用二维码所示的脚本内容。

在Unity编辑器中创建一个空对象，并将该脚本附加到该对象上。创建所需的摄像机（可以是多个），并将它们分别赋值给脚本中的cameras数组。运行游戏，当按下空格键时，摄像机的视角就会按顺序切换。这个脚本通过按下空格键来切换摄像机的视角。在开始的时候，除了第一个摄像机，其他摄像机都被关闭。每次按下空格键后，当前摄像机被关闭，下一个摄像机

▶ 摄像机视角
切换设置1 ◀

被打开，如此实现视角切换的效果。

▶ 摄像机视角 ◀
切换设置2

除此之外，还可以通过其他方法进行设置，如在Assets文件夹中创建一个CameraSwitch的C#代码。具体内容见二维码。

在Unity中，创建一个空的游戏对象，将该脚本附加到该游戏对象上。然后，将摄像机分别分配给"firstPersonCamera"和"thirdPersonCamera"变量（图4-15）。根据需要设置其他摄像机参数。当按下空格键时，它将调用ToggleCamera( )函数来切换摄像机的启用状态，从而实现两个摄像机之间的切换。在此示例中，场景中的摄像机使用enabled属性来启用或禁用。

图4-15　摄像机变量设置

4.4　编译与输出

测试运行场景没有问题以后保存场景文件，然后执行File菜单下的"Build Settings"命令，在弹出的对话框中，选择"Platform"为"Windows，Mac，Linux"选项。点击"Player Settings"按钮，可以在弹出的对话框中修改属性设置（图4-16）。设置完成以

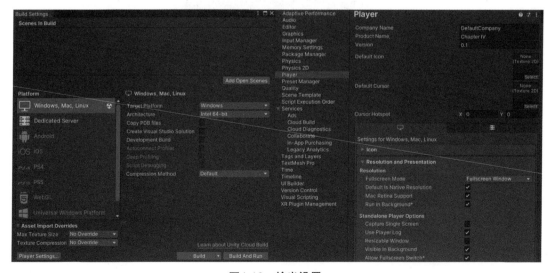

图4-16　输出设置

后，单击"Build"按钮，选择输出保存的文件夹位置，就可以对场景进行整体编译输出了。输出并运行程序就可以测试最终编译效果了。如果懂一些钢琴演奏的技巧，便可以参考曲谱弹奏一曲。

本章小结

　　通过本章案例，掌握虚拟钢琴动画交互设计的流程和方法；通过具体的实践操作，掌握透明贴图的制作方式；学会运用关键帧技术和摄像机路径动画技术进行场景动画设计；能够按照创意的构思和设计的意图，进行场景的策划和制作；运用3ds Max和Unity软件，实现三维动画和交互设计；通过相关技术的运用和脚本的设计，达到学以致用、触类旁通。

　　在后期交互设计中，通过材质系统Shader类型调节、UI按钮的创建、关键帧动画设置、脚本交互设计等综合知识的运用，根据项目的具体实现功能和设计表现意图，进行综合考虑和分析，只要掌握其原理和应用方式，就可以根据设计目的进行创造性表现，根据设计需求完成最终的创意设计。

〈 创意实践

　　根据本案例的设计流程和方法，运用相关动画技术和交互艺术，尝试创作一个乐器组合的虚拟现实艺术设计作品（图4-17）。可以运用3ds Max完成建模、材质和动画设计，运用Unity软件进行UI设计和脚本设计，根据每种乐器的属性和特征，为其添加相应的音乐和音调，从而完善场景的氛围和意境。对于功能的表现和交互的形式，可以发挥自己的想象力和创造力进行自由设计。

图4-17　乐器组合模型

第**5**章 | 手机触屏体验艺术交互设计

知识目标 ● 掌握场景建模与贴图设计、动画设计、UI设计、脚本交互设计的实现过程和方法步骤。

能力目标 ● 能够利用3ds Max软件进行模型、材质贴图和动画的制作，运用Unity软件进行界面设计和后期动画设计。

素质目标 ● 了解手机触屏体验艺术的交互设计，集数字图像、数字视频、数字音频、数字动画于一体的数字媒体艺术交互设计，不断拓展创作的空间。

学习重点 ● 逆向动画的设计方法。

学习难点 ● 二维界面与三维模型之间交互的逻辑顺序和实现过程。

随着时代的发展和科技的进步，手机已成为人们日常生活和工作的主要信息交流工具之一，因此对于手机的概念设计和交互设计也至关重要。探索新型的人机交互方式成为满足创意需求并展现独特表现形式的关键途径。本案例主要通过手机触屏体验艺术交互设计的过程来展示未来手机交互可能的发展趋势——隔空成像。

所谓隔空成像，是指手机内部的应用程序通过触发按钮，可以将屏幕内部的显示效果拖动到手机外面，在手机外面的时空中呈现一幅画面，并通过触动实现虚拟交互的过程。其实质就是控制光的传输距离，控制光在空间中的传输速度，只要达到这个条件，本案例的构思在现实世界中就可以实现。随着增强现实技术和全息交互技术的发展，以及未来数字科技的创新和突破，本案例的创意构思有望变成现实。

在开始本案例的交互设计之前，需要了解手机触屏三维动画设计的过程。此部分内容可以扫二维码学习。本案例素材位置：出版社官网/搜本书书名/资源下载/第5章。

手机触屏三维动画设计

手机触屏交互的过程是通过UI驱动三维模型动画，手机的按键也支持手机交互的功能，通过两者的配合实现虚拟展示的过程。对于手机材质的调整，可以通过Unity软件中的材质Shader系统来实现，界面贴图和按钮图标的制作可以利用Photoshop软件进行编辑。同时，运用数字图像、数字音频、数字视频和数字动画技术相结合的手法，实现手机触屏体验艺术的交互设计，从而表达隔空成像的设计理念。

5.1 手机模型材质设计

（1）手机外壳材质设计

选择场景中的手机外壳模型，在材质类型中选择"Standard"，指定一张外部贴图作为Albedo通道的贴图，其他参数设置采用默认设置（图5-1）。这样手机外壳模型在场景中就会有微弱的反射效果。运用同样的材质球可以进行地面反射材质效果的模拟。

（2）手机按钮材质设计

对于功能键、锁屏键和音量键的材质设置，在材质属性中指定对应的纹理贴图进行显示（图5-2），然后再适当调节画面的色彩和其他相关属性，直到感觉画面的整体比较和谐为止。

 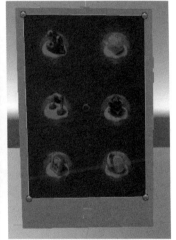

图5-1　手机外壳材质设计　　图5-2　手机按钮材质设计

5.2 手机UI交互设计

（1）Button按钮的创建

在Hierarchy面板中，利用UI中的Button按钮，分别在场景中创建相应的交互控件，分别设置UI底纹3个、功能按钮6个、音量控制按钮3个（图5-3）。

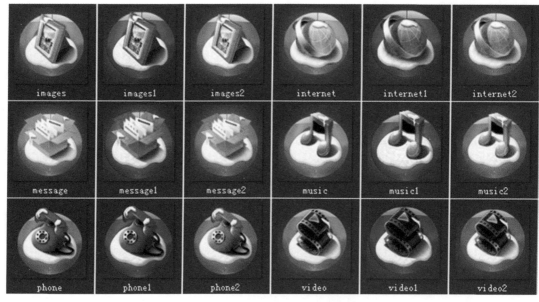

图5-3　功能按钮的三种状态贴图

（2）环形功能按键UI设计

6个功能按钮分别对应phone、message、music、video、images和internet。在控件属性的贴图设置中，分别选择对应的Source Image、Highlighted Sprite和Pressed Sprite通道的贴图（图5-4）。其中鼠标经过的状态设置为红色，并比原始图标略大一些，以起到提示和警示的作用；鼠标按下状态设置为灰色，跟原始图标尺寸相等。

（3）底纹与音量按键UI设计

创建多个Button按钮对象，将设计好的底纹和描边效果加载到场景中（图5-5）。然后在图片按钮中将音量图标也加载进来，调整其在场景中的位置位于屏幕的右下角。此时UI设计已经基本完成，在视图中可以调节其位置到合适的状态（图5-6）。

图5-4　贴图通道设置

图5-5　底纹与音量的贴图

图5-6　按钮在视图中的
位置和显示效果

5.3 手机动画与脚本设计

（1）6个功能按钮脚本设计

为了实现按钮的交互功能，首先为场景动画模型指定动画控制器和动画片段，可以参考第3章内容，利用空对象加载PlayAnimScript脚本，然后在Inspector面板中分别为其指定变量（图5-7）。然后在按钮中添加一个On Click( )事件函数，将对应的游戏对象和运行变量进行赋值（图5-8）。通过以上设置，运行场景就可以通过点击按钮实现动画的播放效果。

图5-7　脚本变量指定

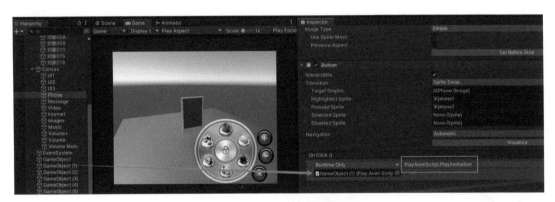

图5-8　On Click( )事件函数设置

在Unity中，也可以通过编写一个脚本来实现点击按钮播放动画，再次点击按钮时反向播放动画的功能。脚本内容可扫码学习。

▶6个功能按钮脚本设计◀

在这个脚本中，首先需要获取按钮所在的游戏对象上的Animator组件，因此在Start( )方法中使用GetComponent( )方法获取对Animator组件的引用。然后，在PlayAnimation( )方法中使用if-else语句来判断当前是否需要正向进行动画播放。在正向播放动画时，调用animator.Play方法，传入正向动画的名称（比如ForwardAnimation），并将isForward标志位设为false，表示下一次点击按钮时应该反向播放动画。当再次点击按钮时，isForward标志位会变成true。在else语句中再次调用animator.Play方法，并传入反向动画的名称（比如ReverseAnimation），并将isForward标志位设为true。

请确保在Unity编辑器中将这个脚本挂载在按钮所在的游戏对象上，并且在Animator组件中创建两个动画状态ForwardAnimation和ReverseAnimation，并将对应的动画片段分配给它们。这样，当游戏运行点击按钮时，就会根据当前的isForward值来播放正向或反向的动画。

（2）摄像机视角设计

以下是通过鼠标左键点击来实现摄像机围绕目标点旋转的脚本示例。脚本内容可扫码学习。

这段代码通过检测鼠标左键的按下和抬起，来判断是否开始或停止旋转。在按下鼠标左键时，记录当前鼠标位置。在LateUpdate( )中对鼠标位置的变化实时计算旋转角度，并围绕目标点旋转摄像机。然后根据旋转角度和距离计算新的位置，并使摄像机始终朝向目标点。脚本编辑完成以后，将该脚本附加到摄像机对象上。在Inspector面板中，将目标点的Transform组件分配给target变量（图5-9）。根据需要调整旋转速度和距离。

图5-9　On Click( )事件函数设置

（3）音量控制脚本设计

此设计中要实现点击音量"＋"按钮，场景中的音量会慢慢递增；点击音量"－"按钮，场景中的音量会慢慢递减；点击音量"×"按钮，场景中的音量会变为静音。通过一个滑动条控制音量的大小，按照这个设计思路和方法，音量递增和递减可以利用一个C#脚本来实现。在Unity中，要实现点击按钮增大音量、减小音量和切换静音模式的脚本可以创建一个空对象，命名为"AudioManager"，作为音频管理器。在

AudioManager对象上添加一个Audio Source组件（图5-10），这个组件负责播放音频并控制音量。创建一个脚本，命名为"VolumeController"，并将其附加到按钮对象上。脚本内容可扫码学习。

上述脚本中的AudioManager是一个自定义脚本，负责管理音频的播放和音量控制。需要创建一个名为"AudioManager"的脚本，并添加到AudioManager空对象上，以便与VolumeController脚本进行交互。

下面是一个基本的AudioManager脚本示例，用于控制音频的播放和音量。脚本内容可扫码学习。

控制音频的
播放和音量

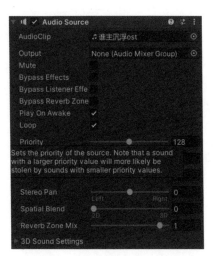

图5-10　Audio Source组件设置

将VolumeController脚本添加到增大音量、减小音量和切换静音模式的按钮对象上（图5-11～图5-13）。同时，在脚本中分别将音频管理器（AudioManager）和控制音量的滑动条（Slider）对象分配给相应的引用变量（图5-14）。

图5-11　增大音量脚本设置

图5-12　减小音量脚本设置

图5-13　静音模式脚本设置

图5-14　滑动条对象脚本设置

在Unity编辑器中，可以在AudioManager脚本的检视面板上设置音频源（Audio Source）的音频剪辑（Audio Clip），以便在点击按钮时播放声音。这样，用户点击增大音量按钮时音量将会增大，并且滑动条的值将会相应改变；点击减小音量按钮时音量将会减小；点击静音模式切换按钮将设置音量为静音或取消静音状态。

（4）视频播放设计

为了实现在场景交互过程中的视频播放功能，可以在Unity编辑器中创建一个空对象，命名为"VideoPlayer"。在Project窗口中，右键点击Assets文件夹，选择

"Import New Asset"选项，并选择要导入的视频文件。将视频文件拖放到场景或Hierarchy面板中的VideoPlayer对象上，将其作为子对象添加到VideoPlayer对象中。在Inspector面板中选择导入的视频文件，并进行以下设置："Texture Type"→"Movie Texture"；"Wrap Mode"→"Clamp"；"Audio Output Mode"→"Direct"；"Load Type"→"Streaming"。

在VideoPlayer对象上添加一个Box Collider组件，以便可以检测点击事件。创建一个用于播放视频的脚本，比如"VideoControl"。具体脚本内容可扫二维码学习。

视频播放设计

将VideoControl脚本附加到VideoPlayer对象上。运行场景，在点击VideoPlayer对象时视频将开始播放。以上代码只提供了基本的视频播放功能，需要根据实际需求，进一步完善视频的控制和交互功能。

5.4 编译与输出

测试场景是否正常运行，是否实现动画的播放效果，修改、完善和优化场景中的资源效果，完成以上设置之后，就可以对场景进行打包输出了。保存场景文件，然后执行File菜单下的"Build Settings"命令，在弹出的对话框中，选择"Platform"为"Windows，Mac，Linux"选项。点击"Player Settings"按钮，可以在弹出的对话框中修改属性设置（图5-15）。设置完成以后，单击"Build"按钮，选择输出保存的文件夹位置，就可以对场景进行整体编译输出了。输出完成以后，可以点击运行文件查看输出效果。其他交互功能可以根据需要实时调整设计。

图5-15　输出设置

● 本章小结

　　通过本章案例，掌握手机触屏体验艺术交互设计的流程和方法；通过具体的理论分析和实践操作，掌握将同一贴图应用于不同对象的贴图坐标的调整方式；能够根据设计的最终效果和表现形式，进行合理的UI设计和脚本交互设计，明确脚本设计的逻辑性和合理性；运用感性认知和理性思考相结合的方式，实现虚拟现实交互设计的过程。

　　后期交互设计中，运用材质系统和贴图进行细致的刻画与表现，通过静态图片和图片按钮，实现UI的设计流程；运用Unity的C#脚本系统，对脚本语言的组织结构和逻辑顺序进行设计，根据创意需求，完成案例的设计表现。

‹ 创意实践

　　参考本案例的设计表现和构思，运用相关的三维动画和交互设计原理，尝试创作一个iPad的虚拟现实交互设计作品（图5-16）。可以运用3ds Max完成建模、材质和动画的设计，运用Unity软件进行UI设计和脚本设计。创意的表现形式和交互设计的内容可以借鉴iPad的主屏幕、浏览器、邮件、图片、视频、游戏、音乐、地图、日历、联系人、iTunes Store、App Store、iBooks、iWork、Spotlight搜索等，通过新功能和新形式展示交互设计带来的沉浸感和自由性。

图5-16　iPad交互模型设计

第6章 | 虚拟工业产品概念展示交互设计

知识目标 ● 掌握虚拟工业产品概念展示交互设计的方法与制作流程。

能力目标 ● 掌握模型动画的制作、UI设计、交互设计。

素质目标 ● 运用设计理论和设计实践相结合的手法，了解虚拟工业产品概念展示的交互设计，从而更好地体会设计源于生活的道理。

学习重点 ● 物体轴心点的调节和动画的展示设计。

学习难点 ● 模型材质调节、UI设计与交互设计。

红蓝椅是风格派著名的代表作品之一（图6-1）。这款椅子整体都是木结构，由13根木条互相垂直组成椅子的空间结构，各结构间用螺丝紧固而非传统的榫接方式，以防有损于结构。这款红蓝椅具有激进的纯几何形态。

里特维尔德说："结构应服务于构件间的协调，以保证各个构件的独立与完整。这样，整体就可以自由和清晰地竖立在空间中，形式就能从材料中抽象出来。"他在这一设计中创造的空间结构可以说是一种开放性的结构，这种开放性指向了一种"总体性"，一种抽离了材料的形式上的整体性。

图6-1 风格派红蓝椅

现代工业产品设计是为满足人们生活需要而设计创造的物质形态，包含使用功能和审美功能。现代工业产品设计中功能是首要的，同时又要符合生产的要求，功能的合理性也是构成美的重要条件，应按照美的规律去创造，以体现工业产品设计的实用性、技术性、文化性、审美性和材料性。本案例主要通过对红蓝椅尺寸、结构和比例进行改造和重组，打造一种新的可以折叠和组装的概念性工业产品，从而强化设计的形式与功能相统一的特征。

在开始本案例的交互设计之前，需要了解工业产品三维动画概念展示设计的过程，此部分内容可以扫二维码学习。本案例素材位置：出版社官网/搜本书书名/资源下载/第6章。

后期交互过程主要通过UI和脚本实现，对于动画的播放通过对应的

工业产品三
▶维动画概念◀
展示设计

功能按钮进行控制，每个按钮都有控制的动画播放对象，这样原来1秒钟播放完成的动画就可以在Unity中自由控制播放速度和观察视角。为了增加交互的功能性，还可以添加动画正向播放和暂停的设计，切换不同的摄像机视角，配合UI菜单就可以全景观察结构变化的过程。此外，为了增加场景的氛围，还添加了音乐播放和暂停的功能，最终完成工业产品功能概念展示的交互过程。

6.1　场景材质与环境设计

（1）椅子与地面材质设计

选择椅子靠背和椅面模型，在Asstes文件夹新建一个名为Chair_Mat1的材质球，设置"Albedo"为红色（图6-2）；选择椅子支架模型，在Asstes文件夹新建一个名为Chair_Mat2的材质球，设置"Albedo"为蓝色（图6-3）；选择地面模型，在Asstes文件夹新建一个名为Ground_Mat的材质球，设置"Albedo"为蓝灰色（图6-4）。将制作完成的材质球分别赋予到场景中的对象模型（图6-5），这样场景模型材质就制作完成了。

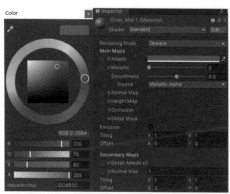

图6-2　椅子靠背和椅面模型材质设置

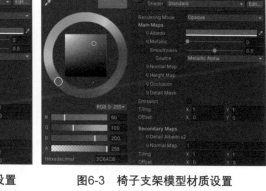

图6-3　椅子支架模型材质设置

图6-4　地面模型材质设置

图6-5　模型材质设置

（2）场景环境设计

为了完善场景的环境和氛围，可以适当添加一些环境贴图，在Window菜单下，选择"Rendering"选项下的"Lighting"命令（图6-6）。在"Environment"选项中为其添加一个"Skybox Material"（图6-7）。为了制作更加丰富的全景环境效果，还可以通过外部贴图自由创作天空盒材质的效果。

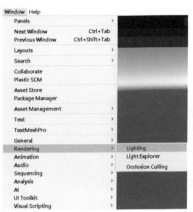

图6-6　Lighting命令

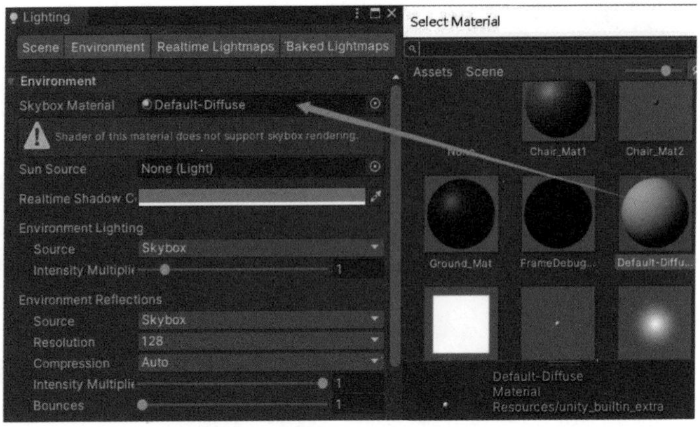

图6-7　Skybox Material设置

6.2　椅子UI与脚本交互设计

（1）工业产品UI设计

将外部图片按钮贴图文件导入Assets文件夹中（图6-8），修改所有图片的"Texture Type"为"Sprite（2D and UI）"属性（图6-9）。在Hierarchy面板中，利用"UI"→"Button"按钮控件，分别在场景中创建6个按钮，修改"Transition"模式为"Sprite Swap"。根据工业产品的造型特征和原理，为图片按钮在Source Image和Pressed

图6-8　图片按钮贴图

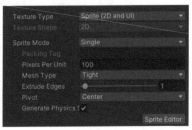

图6-9　按钮纹理属性设置

Sprite通道分别赋予对应的贴图文件（图6-10）。选择所有控件，调整位置位于视图的左下方，这样UI基本功能按钮就制作完成了，后期分别用于控制场景的重置、动画播放、视角切换、音乐开关等功能的设置（图6-11）。

图6-10　按钮显示属性设置

图6-11　按钮的显示效果

（2）动画速度脚本设计

在Unity中调整动画的速度有多种方法，用哪种方法取决于使用哪种类型的动画系统。如果使用Unity的Animator组件来控制动画，可以调整动画的速度属性。在Animator Controller窗口中选择动画剪辑，在Inspector面板中找到speed属性。改变该属性的值，可以加快或减慢动画的播放速度（图6-12）。如果使用的是旧版的Legacy Animation系统，可以通过设置Animation组件的speed属性来控制动画的播放速度。改变

动画速度
脚本设计

该属性的值，也可以实现不同的速度效果。另外，还可以通过编写脚本来控制动画的速度，例如可以在Update( )函数中使用代码来改变动画播放速度。脚本内容可扫码学习。

在这个示例中，通过修改Animator组件的speed属性来控制动画的播放速度，可以在脚本中根据具体需求来修改speedMultiplier的值，以调整动画的播放速度（图6-13）。这些是在Unity中调整动画播放速度的一些常见方法。根据使用的动画系统和具体需求，可选择适合的方法进行操作。

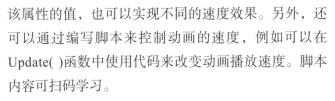

图6-12　通过Animator组件
控制动画播放速度

图6-13　通过脚本控制动画播放速度

（3）动画开始与暂停动画脚本设计

选择场景中的chair对象，为其添加Animator组件，用于控制模型动画的播放（图6-14）。新建一个C#脚本，命名为"AnimationController"，脚本内容可扫码学习。

在Unity编辑器中，将该脚本附加到按钮对象上。然后，将该按钮对象拖放到相应的脚本中的animator字段（图6-15）。当Play按钮被点击时，将调用EnableAnimatorComponent( )方法，该方法将禁用附加模型上的Animator组件（图6-16）。当Pause按钮被点击时，将调用DisableAnimatorComponent( )方法，该方法将禁用附加模型上的Animator组件（图6-17）。在代码中正确设置Animator组件的引用，并且该组件是需要禁用的模型的一部分。如果需要禁用其他模型上的Animator组件，则可以在代码中设置不同的animator变量来实现。

动画开始与暂停动画脚本设计

图6-14　Animator组件设置

图6-15　脚本变量设置

图6-16　Play按钮鼠标事件设置

图6-17　Pause按钮鼠标事件设置

也可以使用以下脚本实现在Unity中点击一个按钮播放动画，点击另一个按钮暂停动画的功能。首先，在Unity中创建一个空对象，并将以下脚本附加到该对象上，命名为"AnimationController"或其他合适的名称。脚本内容可扫码学习。

Animation Controller

接下来创建两个UI按钮，一个用于播放动画，另一个用于暂停动画。为了使这些按钮能够调用AnimationController脚本中的相应方法，需要为每个按钮创建一个On Click( )事件，并将AnimationController对象拖放到对应的事件处理程序上。运行场景以后，点击播放按钮时，它将调用AnimationController中的PlayAnimation( )方法，播放指定的动画。点击暂停按钮时，它将调用PauseAnimation( )方法，将动画速度设为"0"，暂停动画。如果想要继续播放已暂停的动画，可以再创建一个按钮，并将相应的On Click( )事件处理程序指向ResumeAnimation( )方法。这样，就可以通过点击不同的按钮来控制动画的播放和暂停。

在Unity中，还可以使用以下C#代码在点击按钮时播放或暂停动画。首先，在脚本中定义一个animator变量，并在Start( )方法中获取对Animator组件的引用。脚本内容可扫码学习。

点击按钮时
▶播放或暂停◀
动画

在Unity编辑器中创建一个Button，并将PlayOrPauseAnimation( )方法与Button的On Click( )事件关联。当按钮被点击时，将会调用PlayOrPauseAnimation( )方法来播放或暂停动画。该代码假设有一个名为AnimationController的脚本附加到了动画所在的GameObject上，并且该GameObject上有一个Animator组件。

也可以使用Unity引擎来编写一个脚本，实现点击按钮播放或暂停整个模型组的动画。脚本内容可扫码学习。

点击按钮播
放或暂停整
▶个模型组的◀
动画

在Unity编辑器中，将此脚本附加到按钮的GameObject上，并确保正确设置按钮的事件函数。然后，可以将模型组中的所有模型分配给Animator组件，并设置合适的动画剪辑。当点击播放按钮时，将会播放整个模型组的动画；当点击暂停按钮时，将会暂停整个模型组的动画。将YourAnimationName替换为实际使用的动画名称。

这个脚本会遍历模型组中所有的Animator组件并处理它们，所以应确保在模型组的父对象上拥有一个Animator组件，并且所有的子对象也都具有Animator组件。以上都是一些基础的示例脚本，使用时需要根据具体需求进行调整和扩展。

（4）视角切换与场景重置脚本设计

在Unity中切换摄像机视角的脚本可以通过检测用户按下空格键来实现。脚本内容可扫码学习。

在这个脚本中，通过public变量暴露了两个摄像机对象，分别是firstCamera和secondCamera（图6-18）。在Start( )方法中，将第一个摄像机设置为启用，第二个摄像机设置为禁用。然后，在Update( )方法中，监听空格键的按下事件，并在空格键按下时调用SwitchCamera( )方法来切换摄像机视角。在SwitchCamera( )方法中，通过修改摄像机的enabled属性来控制哪一个摄像机处于激活状态。每次调用SwitchCamera( )方法时，都会切换两个摄像机的激活状态，并更新isFirstCameraActive变量来记录当前摄像机的视角。在Switch按钮中，添加On Click( )鼠标点击事件，并指定相应的变量设置（图6-19）。这样通过点击按钮，同样可以实现摄像机视角的切换效果。

视角切换与
▶ 场景重置 ◀
脚本设计

图6-18 摄像机对象变量设置

图6-19 On Click( )鼠标点击事件设置

要编写一个按下鼠标左键时摄像机围绕目标点旋转视角的脚本，可以在Unity中使用以下代码。脚本内容可扫码学习。

在这个脚本中，需要一个目标点（target）来围绕其旋转摄像机。每当按下鼠标左键时，它会存储当前鼠标位置为lastMousePosition。当继续按住鼠标左键并移动鼠标时，它会计算鼠标位置的差值（delta）并将摄像机围绕目标点以及给定的轴（Vector3.up和可选的Vector3.right）进行旋转。这个例子假设已经为脚本提供了一个目标点（通过Inspector面板或在代码中设置）（图6-20）。此外，需要确保摄像机与目标点之间有足够的距离，以便可以看到旋转的效果。

摄像机围绕目标点旋转视角的脚本

图6-20 摄像机目标点变量设置

在动画交互和演示过程中，有时候由于操作步骤太多想重置场景进行初始化操作，需要关闭程序然后重新运行。为了减少这一步的操作，可以直接利用按钮控件，在鼠标单击脚本中添加一个重新运行场景的脚本，这样在运行场景过程中可以随时点击这个按钮回到场景初始运行的状态。要编写一个点击按钮时重新加载场景的脚本，可以在Unity中使用二维码中的脚本。

重新加载场景

在这个脚本中，在Reload( )方法中使用了SceneManager.LoadScene( )函数来重新加载当前活动的场景。通过SceneManager.GetActiveScene( ).name，获取当前场景的名称并传递给LoadScene( )函数。接下来，需要将这个脚本附加到一个按钮上。在Unity编辑器中，确保有一个UI按钮对象，并将该按钮的On Click（或类似的事件）设置为Reload( )方法（图6-21）。当该按钮被点击时，Reload( )方法将被调用，从而重新加载当前的场景。

图6-21 Reload( )方法设置

（5）背景音乐脚本设计

为了增强场景动画的交互功能和用户体验，可以利用其他按钮分别控制音乐的播放和动画的调控。要使用C#脚本实现音乐播放和暂停的功能，可以借助Unity引擎中的Audio Source组件来完成。脚本内容可扫码学习。

▶ 背景音乐
▶ 脚本设计 ◀

在Unity编辑器中，将音频文件拖拽到游戏对象的Audio Source组件上作为其音效（图6-22），需要创建一个空对象，并将脚本MusicController附加到该对象上。然后，将音频文件拖拽到场景中的Audio Source组件中（图6-23）。接下来，在场景中创建两个按钮，并为它们设置唯一的名称（例如AU-on和AU-off），然后将这两个按钮分别拖拽到脚本中对应的字段。

当点击"AU-on"按钮时，调用PlayMusic( )方法，启动音乐播放（图6-24）；当点击"AU-off"按钮时，调用PauseMusic( )方法，暂停音乐播放（图6-25）。同时，会在控制台输出相应的日志信息。需要注意的是，在使用Unity进行开发时，C#脚本需要挂载到游戏对象上才能正常运行。另外，以上代码仅实现基本功能，可以根据具体需求进一步完善和优化。

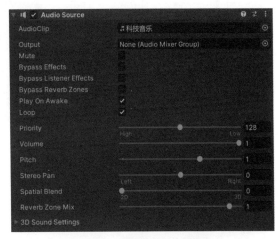

图6-22　音频属性组件设置

图6-23　Audio Source变量设置

图6-24　AU-on按钮变量设置

图6-25　AU-off按钮变量设置

6.3　编译与输出

场景测试完成以后，保存场景文件，然后执行File菜单下的"Build Settings"命令，在弹出的对话框中，选择"Platform"为"Windows，Mac，Linux"选项。点击"Player

Settings"按钮，可以在弹出的对话框中修改属性设置（图6-26）。设置完成以后，单击"Build"按钮，选择输出保存的文件夹位置，就可以对场景进行整体编译输出了。等待程序编译完成后，便可以测试程序最终合成的效果。此时用户可以体验工业产品结构和功能概念展示的交互过程。对于交互的方式和动画的播放形式，可以根据设计者的创意和构思进行表现。

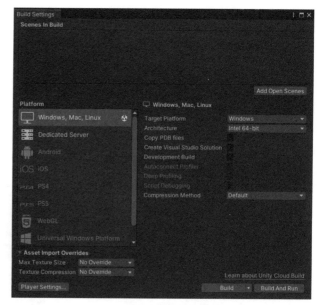

图6-26　输出设置

本章小结

　　本章案例体现以人为本的设计理念，把工业产品设计的流程和方法通过三维设计平台进行表现，在表现工业产品实用性的基础上，通过创造性的想象和虚拟现实技术进行工业产品的人机交互设计。在技术层面主要掌握模型动画轴心点的调整对于动画形式表现的作用和意义；学会运用父子链接层级和路径约束动画进行产品结构的展示和表现；后期能够根据设计的意图和目的，进行材质和UI的细节设计；运用图片按钮等二维控件，配合脚本编辑命令，实现概念展示的交互设计。

　　在制作过程中，重点在于动画的设计制作与表现。通过动画制作命令的综合设置，实现三维动画的设计。虽然原始动画时间仅有1秒，但是让动画的组装变形过程中没有物体相互穿插和重叠的现象，且可以灵活调整事件播放长度是比较困难的。只有运用理性的分析并配合大量的动画操作实践，才可以创作出比较完美的动画作品。交互设计的艺术魅力就在于可以让模型的动画时间通过脚本交互设计，实现工业产品动画组装和演示，既展示工业产品的结构和造型，又体现工业产品的使用方式和操作特征。

根据工业产品设计的方法和原理，运用相关的三维动画技术和交互设计艺术，设计制作一个书架的虚拟现实交互设计作品（图6-27）。动画的表现对象可以是模型结构的解构和重组、形态的质地和纹理、功能的实用和美观等，对于其结构单元，可以根据自己的创意需求进行调节，添加某些造型元素或者改变某些形态特征，最终在Unity软件中实现工业产品设计的虚拟展示过程，从而体现工业产品设计的艺术特征与物质功能。

图6-27　书架组合模型

第**7**章 | 陶瓷产品造型与装饰的虚拟现实交互设计

知识目标 ◉ 掌握陶瓷产品造型与装饰的虚拟现实交互设计的流程和方法。

能力目标 ◉ 具备陶瓷产品建模设计、Morpher变形动画设计、脚本交互设计等能力。

素质目标 ◉ 结合虚拟现实交互技术，将陶瓷产品造型和装饰的变化过程呈现在虚拟的时空中，培养良好的产品设计美感与装饰灵感。

学习重点 ◉ 利用Morpher变形器制作变形动画。

学习难点 ◉ 界面设计的布局与脚本设计的结构。

陶瓷产品设计主要包括造型与装饰两大部分，一件优秀的陶瓷设计作品必然有独特的形态造型与装饰技法，因此，寻找造型的技巧与装饰的规律对于陶瓷产品设计的创意过程是至关重要的。在陶瓷产品造型与装饰的理论与实践方面，前人已总结了造型美和装饰美的一般规律和表现形式，将客观世界的真实感受上升到理性认识，进行艺术的再创造。

随着现代科技的发展与进步，计算机辅助设计已经普遍应用于设计领域的各行各业。其中在陶瓷产品设计方面，以3ds Max为代表的三维设计软件以其独特的建模功能和逼真的材质功能，在计算机平台虚拟展示陶瓷产品的造型与装饰，让陶瓷产品艺术创作呈现出多元化的发展趋势，为陶瓷产品设计提供了理论支持和实践指导，从而将更多新的技术内涵融入陶瓷产品造型与装饰艺术之中。

在开始本案例的交互设计之前，需要了解陶瓷产品造型与装饰动画设计的过程，此部分内容可以扫二维码学习。本案例素材位置：出版社官网/搜本书书名/资源下载/第7章。

陶瓷产品
▶造型与装饰◀
动画设计

计算机辅助设计的出现加速了陶瓷产品设计的现代化进程，同时也给陶瓷产品设计开拓了新的发展前景和应用空间。如何在陶瓷产品造型与装饰的过程中展现出多元化的发展趋势呢？突破陶瓷产品传统的设计模式和方法，结合传统陶瓷创作技法和现代科学技术——虚拟现实交互设计技术可以实现这一过程。可以运用3ds Max强大的动画功能把产品造型与装饰的过程用关键帧的形式记录下来，以观察形态构成和表面纹理的动态变化过程，后期运用Unity交互设计软件展示陶瓷产品造型与装饰设计的过程。

7.1 陶瓷材质与环境设计

（1）陶瓷材质设计

为了增强陶瓷材质的表现效果，可以利用材质系统进行效果的设计和模拟，同时将3ds Max中的材质贴图作为后期材质替换的素材，利用Standard（标准）材质进行贴图的调整和修改，这样陶瓷产品的材质设计就制作完成了（图7-1）。

（2）场景环境设计

为了完善场景的环境和氛围，可以添加一张环境贴图，在Window菜单下，选择"Rendering"选项的"Lighting"命令，在"Environment"选项中为其添加一个"Skybox Material"，这样陶瓷产品的环境设计就制作完成了（图7-2）。

图7-1　陶瓷材质设计

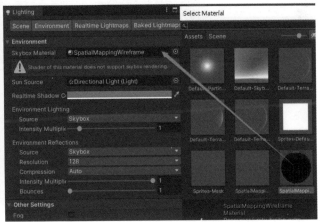

图7-2　天空盒材质设置

7.2 UI设计

UI主要由Button按钮和Raw Image图片两种对象组成。其中Button按钮对象用于控制陶瓷造型和陶瓷装饰的变化、摄像机视角的切换；Raw Image图片对象主要起装饰作用，后期没有脚本的添加。明确每种控件的作用和功能后，便可以在视图中利用相应的工具进行创建和命名了。然后利用移动工具和对齐工具，调整UI的布局（图7-3）。对于UI设计，可以根据设计者的创意和后期交互功能的需求自由发挥，只要能够展示虚拟场景中相应的功能即可。

后期按钮交互功能的说明：FormativeM按钮用于控制全景场景的展示效果，Formative0按钮用于初始变形造型的展示效果，Formative1至Formative10按钮用于种子造型的展示效果，Decoration0用于初始变形材质贴图切换的展示效果，Decoration1至Decoration10按钮用于种子材质贴图切换的展示效果。

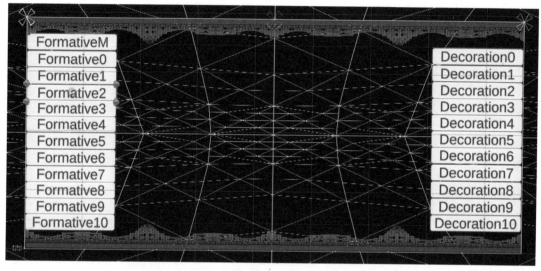

图7-3　UI布局

7.3　脚本交互设计

（1）模型动画与旋转脚本设计

将导入的场景模型文件的动画片段，用鼠标左键拖拽到初始圆柱体模型对象上面，为其添加Animator和Animation动画组件，用于后期动画的设置（图7-4）。还可以根据需要，将动画片段进行分割，控制单独动画的播放效果。

为了场景模型可以全景观察，为所有模型对象添加一个脚本。通过鼠标拖拽的方式，可以在视图中实时旋转模型对象，从而全方位地观察模型的造型和细节。在Unity中，通过拖拽游戏对象实现其自由旋转的动画效果。脚本内容可扫码学习。

这段代码创建了一个ObjectRotation脚本，并定义了isDragging用于

实时旋转
▶ 模型对象 ◀
脚本设计

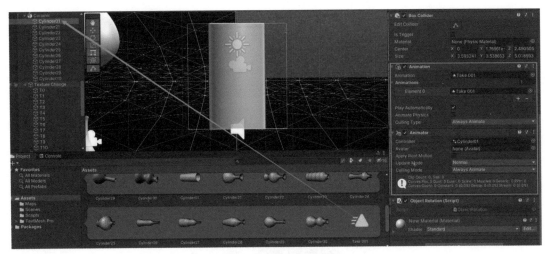

图7-4　模型动画设置

判断鼠标是否正在拖拽对象，previousMousePosition记录上一帧鼠标位置。

在Update( )方法中，当鼠标左键按下时调用StartDrag( )方法开始拖拽，当鼠标左键抬起时调用EndDrag( )方法结束拖拽。如果正在拖拽，则调用RotateObject( )方法来实现物体的旋转。StartDrag( )方法将isDragging设置为true，并记录下鼠标的起始位置。EndDrag( )方法将isDragging设置为false，表示拖拽结束。

RotateObject( )方法根据当前帧鼠标位置与上一帧鼠标位置的差值计算鼠标的移动距离mouseMovement。然后，根据向量的水平和垂直分量计算旋转角度rotationX和rotationY。

最后，使用Rotate( )方法以世界坐标系和自身坐标系为基准对物体进行旋转。通过调用 transform.Rotate(Vector3.up，rotationY，Space.World)使用世界坐标系的Y轴进行水平旋转，transform.Rotate(Vector3.right，rotationX，Space.Self)使用自身坐标系的X轴进行垂直旋转。

将该脚本挂载在场景所有圆柱体的游戏对象上，在场景中拖拽该游戏对象，它将根据鼠标的拖拽操作进行自由旋转。在Unity中实现点击按钮让圆柱体的动画片段依次播放，可以参考二维码中的代码进行设置。

动画片段播
▶放脚本设计

射线检测
脚本设计

在Unity中，还可以通过射线检测的方式拖拽模型对象并自由旋转，二维码中是相应的C#代码示例。

这段代码在Update( )方法中使用了射线检测来判断是否点击到了模型对象。当鼠标左键按下时，将屏幕坐标转换为射线并进行射线检测，如果检测到射线击中了当前游戏对象，则调用StartDrag( )方法开始拖拽。当鼠标左键抬起时，调用EndDrag( )方法结束拖拽。StartDrag( )方法将isDragging设置为true，并记录下鼠标的起始位置。EndDrag( )方法将isDragging设置为false，表示拖拽结束。拖拽过程中的旋转逻辑与之前的代码示例相同，在RotateObject( )方法中根据鼠标移动距离计算旋转角度，并使用Rotate( )方法对模型对象进行旋转。

将该脚本挂载在要实现旋转的模型对象上，并确保模型对象具有碰撞器组件。然后，在场景中点击并拖拽该模型对象，它将根据鼠标的拖拽操作实现自由旋转。

（2）造型按钮脚本设计

在场景中创建12个Camera对象（图7-5），一个Camera用于全景视角观察，另外11个Camera用于单个造型的视角观察。单击造型按钮，实现的功能是切换到摄像机视角。在场景中根据Camera的数量分别创建多个空对象，为其添加一个自定义C#脚本（图7-6）。脚本内容可扫码学习。

造型按钮
脚本设计

首先，在代码中定义了一个Camera[]类型的cameras数组，用于存放所有需要切换的摄像机。定义一个GameObject[]类型的objectsToHide数组，用于存放需要隐藏的其他对象。currentCameraIndex变量用于记录当前活动摄像机的索引。

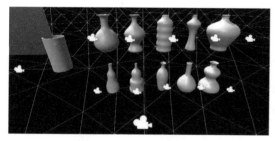

图7-5　Camera对象的创建

图7-6　游戏对象脚本设置

Start( )方法在脚本启用时会被调用，将默认显示第一个摄像机，并隐藏其他对象。SwitchCamera( )方法用来切换摄像机。首先，它会检查传入的索引是否在有效范围内。然后，它会依次隐藏当前摄像机和其他对象，更新当前摄像机的索引。最后，显示新选择的摄像机和其他对象。HideCurrentCamera( )方法用于隐藏当前摄像机和其他对象。它会将当前摄像机的gameObject属性设置为false，即不激活。同时，遍历objectsToHide数组，将其中的每个对象设置为不激活。ShowCurrentCamera( )方法用于显示当前摄像机和其他对象。它会将当前摄像机的gameObject属性设置为true，即激活。同时，遍历objectsToHide数组，将其中的每个对象设置为激活。

在Unity中，可以将以上代码添加到一个空的游戏对象上，然后将需要切换的摄像机和需要隐藏的其他对象分别赋值给对应的数组。接下来，在场景中创建的对应按钮On Click( )鼠标点击事件中，分别调用SwitchCamera( )方法并传入对应的摄像机索引（图7-7）。这样，点击不同的按钮时，就能切换不同的摄像机视角和隐藏显示其他对象。

图7-7　按钮鼠标点击事件设置

（3）装饰按钮脚本设计

装饰控件的功能是单击某个按钮，陶瓷产品的材质贴图会在指定的贴图库中依次替换。在场景中创建11个空对象，为其添加一个ChangeTextures的自定义C#脚本，要在Unity中通过点击按钮来更改模型的多个纹理贴图，可以按照以下步骤进行操作：在场景中创建一个模型，并为其导入或创建所需的多个纹理贴图。确保模型的Material属性中使用了这些贴图。创建一个空对象，并将其作为按钮放置在场景中。添加一个Button组件到按钮对象上，并设置按钮的On Click( )事件为触发一个方法。在脚本中编写一个方法，在这个方法中获取到模型的Material，并逐个修改其贴图属性。可以使用SetTexture方法或者直接修改Material的mainTexture属性来更改纹理贴图。可以用Inspector面板的拖放方式将脚本组件添加到按钮对象上（图7-8）。脚本内容可扫码学习。

将脚本组件添加到按钮对象上，并将需要更改贴图的模型的Renderer组件拖放到modelRenderer属性中。同时，将所有要切换的纹理贴图按顺序拖放到newTextures属性中。在按钮的On Click( )鼠标点击事件中，进行变量参数的设置（图7-9）。这样，每次点击按钮时，模型的纹理贴图就会按顺序切换到下一个指定的贴图，循环使用贴图数组中的纹理。

▶ 装饰按钮
脚本设计 ◀

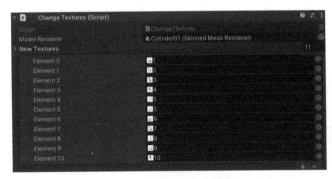

图7-8　普通按钮装饰脚本

图7-9　鼠标点击事件参数设置

（4）背景音乐设计

为了完善交互场景的听觉语言，可以在Ceramic对象上添加一个Audio Source音频组件，将场景中的文件赋值给AudioClip变量中，同时勾选"Play On Awake"和"Loop"选项（图7-10）。这样运行场景后，就会有背景音乐自动播放。

这样，整个场景的脚本设计就制作完成了。运用脚本和UI的交互设计，可以观察不同陶瓷产品的造型和装饰风格。如果陶瓷产品的造型按照动画关键帧的位置进行计算，那么会有100种造型和装饰风格不同的陶瓷产品在虚拟场景中呈现。若要按照全部动画帧计算的话，那会有5000种造型和装饰风格不同的陶瓷产品在虚拟场景中呈现。虚拟现实技术不仅可以完成陶瓷产品造型与装饰的展示过程，更为重要的是，在动态变化的过程中可以激发设计师的想象和灵感，为其提供广阔的创意空间，可以随时在动画交互场景中寻找美的组合和设计，

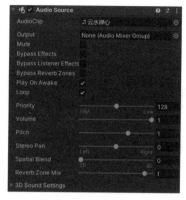

图7-10　Audio Source
音频组件设置

为设计方案的多样性和丰富性提供无限可能，也为设计的途径和方法拓宽平台，具有重要的价值和现实意义。

7.4　编译与输出

测试场景正常运行，保存场景文件，然后执行File菜单下的"Build Settings"命令，在弹出的对话框中，选择"Platform"为"Windows，Mac，Linux"选项。点击"Player Settings"按钮，可以在弹出的对话框中修改属性设置（图7-11）。设置完成以后，单击"Build"按钮，选择输出保存的文件夹位置，就可以对场景进行整体编译输出了。等待程序编译完成后，便可以测试程序最终合成的效果。此时用户可以体验陶瓷产品造型与装饰的虚拟现实交互过程。对于其UI设计和动画交互的形式，可以根据设计者的创意和构思进行表现。

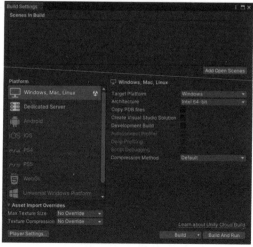

图7-11　输出设置

本章小结

陶瓷产品设计具有悠久的历史和文化渊源，随着计算机硬件技术的飞速发展，人性化的设计软件已得到普及和应用。在科学技术的引导和推动下，基于计算机平台的陶瓷产品设计开发得到了广泛的应用。陶瓷产品设计与现代计算机技术的结合，使其设计方式和思维有了新的飞跃与创新。

本案例将3ds Max最具特色、功能强大的动画引擎植入陶瓷产品设计中，在关键帧动画的启发下拓展造型与装饰的想象空间。设计方法是，只要定位几个关键点，在随机的变化中进行捕捉和发现，就可以完成形态和纹饰的定位；通过变形动画和多次单击事件的脚本设计，把创新意识灵活应用到具体的设计实践当中去。在此过程中，通过技术手法的提升与艺术理念的启发，寻找陶瓷产品造型与装饰设计的创新点，这是对传统设计思维与方法的一次革命，对提高陶瓷产品的设计水平和效率具有一定的现实意义。

创意实践

根据产品的结构、形式、功能、艺术、技术要素的要求，运用联想与意境、节奏与韵律、调和与对比、层次与变化、比例与尺度的基本法则，在3ds Max中通过点、线、面、体的定位和调节，可以创建出具有不同功能的陶瓷产品造型，各种造型在空间变化中具有一定的规律性和联系性。

通过以上的设计理论和设计方法，运用FFD（自由变形）动画命令和关键帧动画技术来完成九种不同功能的陶瓷产品造型的变化过程。变化内容为：笔洗—平盘—汤盘—碗—杯—罐—瓶—壶—艺术瓷（图7-12）。设计完成后，通过后期Unity交互设计软件进行功能的展示和动画的表现，设计形式和表现手法可以发挥想象力自由创作。

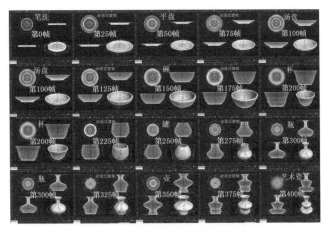

图7-12　陶瓷产品造型变形动画

第8章 七彩霓虹灯光交互设计

知识目标 ● 掌握七彩霓虹灯光交互设计、场景模型设计、材质动画设计、音效与脚本设计。

能力目标 ● 掌握模型、材质、灯光、动画和序列帧渲染的制作，理解UI和脚本交互设计的方法。

素质目标 ● 综合运用各种动画和UI控件，培养艺术素质和实践能力素质。

学习重点 ● 材质动画的设计和制作。

学习难点 ● 动画贴图的设计与C#脚本的函数设置。

霓虹灯设计是伴随人类生活追求美的享受而产生的一种实用型艺术，它是将产品造型有关的结构、材料、工艺、视觉感观、市场需求等方面的功能进行综合的创造性设计，包含了造型的形态与色彩、视觉传递的美术设计以及表达造型构思的深刻内涵，是工业设计、视觉设计、环境设计的综合体现。日常生活中，我们观察到的霓虹灯形形色色、花样百出，充分显示着设计者新颖、独特的设计理念。对于设计表现的形式，可以在虚拟现实平台将设计的内容运用交互设计技术来进行动态的展示，从而更加有利于创意的设计和表现。

在开始本案例的交互设计之前，需要了解七彩霓虹灯光建模与材质动画设计的过程，此部分内容可以扫二维码学习。本案例素材位置：出版社官网/搜本书书名/资源下载/第8章。

通过前期3ds Max的模型动画和材质动画设置，下一步便可以导入Unity中进行后期交互设计了。在这一过程中主要实现的功能是贴图在模型表面动态显示，同时可以利用动画模块进行材质动画的模拟和操控。此外，还增加了音乐等效果，增加了场景的动态变化过程。

七彩霓虹灯
▶光建模与材◀
质动画设计

在设计表现手法方面，设计者可以利用虚拟交互手法，在Unity平台进行虚拟交互设计，为方案设计的多样性和灵活性提供创意的灵感。还可以根据设计需求，进行各种脚本语言的设计。只要有足够的想象力和创造力，就可以创作一个功能强大且富有视觉冲击力的七彩霓虹灯光交互设计的作品。

8.1 动画贴图与材质设计

（1）模型材质设计

将FBX格式文件导入Unity的2D场景中，导入需要的素材和模型文件，将选好的动画序列贴图第一张作为材质加载到模型的表面。选择场景中的模型，新建一个Material材质球，然后在Inspector面板中分别将贴图文件指定给材质的Albedo通道作为模型的贴图，分别赋予到场景中的模型对象（图8-1）。可以参考原始物体的材质设置效果，分别加载不同的材质贴图到模型的表面，这样在预览的时候，模型表面就会有基础材质的显示效果了。

图8-1　模型材质贴图效果

（2）模型动画设计

将导入的neon模型加载到Hierarchy面板，在视图中调整其位置，使其位于屏幕的中心位置。然后将3ds Max制作的动画片段赋予到模型对象，作为Animation组件的使用（图8-2）。这样在运行场景的时候就可以自动播放模型动画，模型动画的播放速率和运动方式可以根据需要自由调整。将neon 2D图片贴图也拖入场景中，使其与neon模型位置基本对齐，用于后期交互效果的使用。

图8-2　模型动画设计

（3）材质动画设计

复制一个neon模型组，命名为"neon Mat"，用于模型材质的动画效果。打开动画面板，分别将模型的Main Tex_ST属性作为动画关键帧属性加载到时间轴上，然后通过调整Main Tex_ST.x和Main Tex_ST.y的数值，来调整贴图平铺的动画效果，在初始位置记录关键帧的位置（图8-3）。调整到第2秒的位置，修改Main Tex_ST.x和Main Tex_ST.y的数值，再次记录关键帧（图8-4），运行场景就可以观察材质动画的效果了。

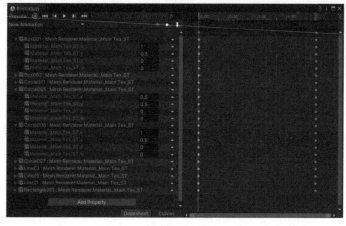

图8-3　材质动画关键帧设置1

图8-4　材质动画关键帧设置2

（4）场景环境设计

为了营造霓虹灯的背景，可以在Camera属性中调整"Background"的颜色，修改RGB的颜色数值为"20，40，60"（图8-5），这样可以跟前景的色彩形成鲜明的对比，从而更有利于表现霓虹灯的动画展示效果。场景环境还可以利用贴图文件或者天空盒材质，根据项目的具体需要进行自由设计。

图8-5　背景颜色设置

8.2　UI控件设计

将素材文件导入Project窗口，然后在Inspector面板中修改贴图的类型为"Sprite（2D

and UI）"，"Sprite Mode"为"Multiple"
（图8-6）。点击"Sprite Editor"按钮，利用
"Slice"（切片）命令，将贴图文件分割为两
个文件（图8-7）。在Hierarchy面板中，利用
"UI"→"Legacy"→"Button"控件，创建四个
按钮对象，然后为其指定对应的贴图（图8-8），
后期用于模型的操纵和交互功能。调整按钮在视
图中的位置位于四个边角（图8-9），还可以根据
需要添加相应的文字描述。

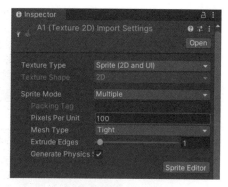

图8-6　Sprite Mode设置

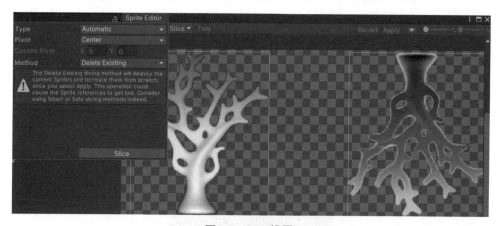

图8-7　Slice设置

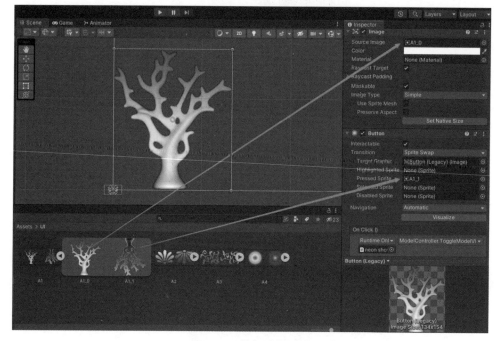

图8-8　UI按钮贴图设置

图8-9　UI按钮视图显示效果

8.3　音乐与脚本交互设计

（1）场景音乐设计

选择场景中的Main Camera对象，为其添加一个Audio Source音频组件，然后将场景中的音频文件拖拽到AudioClip变量中，同时勾选"Play On Awake"和"Loop"选项（图8-10），这样在系统运行的时候就会自动播放音乐了。为了控制音乐的播放和暂停，可以通过在同一个按钮上绑定一个脚本来实现音乐的暂停与播放功能。这样音乐的播放和暂停在场景运行的时候就可以通过控件自由调控了。脚本内容可扫码学习。

场景音乐
设计

以上代码中，使用了一个bool类型的变量isPaused来表示音乐的播放状态（暂停/播放）。在Start( )方法中，将按钮的点击事件绑定到ToggleMusic( )方法上。

在ToggleMusic( )方法中，首先检查音乐的播放状态。如果音乐处于暂停状态（isPaused为true），则将其设置为播放状态，并调用audioSource.Play( )方法来播放音乐。如果音乐正在播放（isPaused为false），则将其设置为暂停状态，并调用audioSource.Pause( )方法来暂停音乐的播放。这样，每次点击按钮时，音乐的播放状态将会切换。确保将Audio Source音频组件和按钮对象赋值给对应的变量（图8-11）。

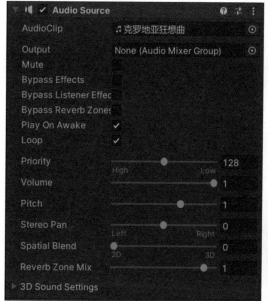

图8-10 Audio Source音频组件设置

图8-11 音频和按钮组件变量设置

（2）脚本交互设计

场景中三个按钮用于模型的显示与隐藏功能，相关模型动画和材质动画在场景运行的时候会自动播放。通过对应的按钮，可实现对应的模型显示与隐藏。要通过在Unity中点击按钮实现一个模型的显示与隐藏，可以使用二维码中的脚本。

脚本交互设计

在上述代码中，首先在ModelController类中定义了一个公共变量model，该变量引用了想要显示和隐藏的模型（图8-12）。然后，创建了一个bool类型的私有变量isModelVisible，用于标记模型当前的可见状态，初始状态下为不可见。在ToggleModelVisibility( )方法中，通过切换isModelVisible的值来改变模型的可见状态。最后，使用model.SetActive(isModelVisible)将模型的激活状态设置为当前的可见状态。将以上脚本代码附加到按钮对象上，确保按钮的On Click( )事件链接到ToggleModelVisibility( )方法（图8-13）。这样，当运行Unity应用时，点击按钮就可以实现模型的显示和隐藏了。同理，其他几个按钮的设置可以根据上述流程进行脚本变量的指定和鼠标点击事件的运行函数设置。

图8-12 定义model变量

图8-13 按钮On Click( )事件设计

完成以上的脚本设计后测试运行检查一下效果，若没有错误，交互场景便制作完成了。需要注意的是，场景中的控件和材质尽量不能有重名的对象，若有重名的对象，在进行脚本设计或者贴图加载时可能会发生错误。不同格式的文件贴图和控件也尽量别有重名的对象。另外，定义变量的名称也不能有重名的，以防在调用变量数值的时候发生错误。

8.4 编译与输出

测试场景正常运行然后保存场景文件，然后执行File菜单下的"Build Settings"命令，在弹出的对话框中，选择"Platform"为"Windows，Mac，Linux"选项。点击"Player Settings"按钮，可以在弹出的对话框中修改属性设置（图8-14）。设置完成以后，单击"Build"按钮，选择输出保存的文件夹位置，就可以对场景进行整体编译输出了。等待程序编译完成后，便可以测试程序最终合成的效果。对于霓虹灯的动画表现和交互方式，设计者还可以根据个人的灵感和创意自由设计。

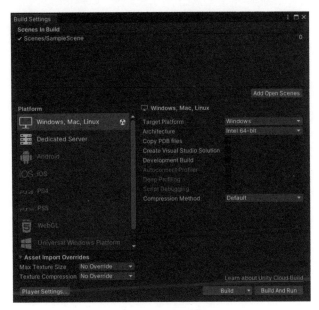

图8-14　输出设置

本章小结

通过本章案例，掌握模型动画和材质动画的制作方法，能够运用动画序列帧制作动画贴图，掌握UI控件的创建和加载贴图的用法，理解动画贴图的制作原理和应用方式，学会运用动画和脚本来实现场景的交互功能。并且通过具体的设计实践和表现目的，完成案例的设计表现。

计算机为设计带来了新的造型语言及表达方式，开阔了设计者的思路。随着计算机图形技术的日趋成熟、图形设备的不断完善以及交互软件操作技术的不断普及，设计者能够直接在图形软件所提供的操作平台上，以互动的方式进行霓虹灯创意设计构想。设计者可以利用信息库中的图形资料，进行组合变化处理，从而在很短的时间内获得大量图形信息，再通过计算机软件的操作产生许多不同的新图形，有时会产生意料之外的效果。由此不断地激发设计者的视觉艺术思维，使其不断地产生新的想法。同时，计算机能够使设计图像生成的每一个过程视觉化，设计者可以有效地进行控制，并将结果通过计算机的屏幕直接反馈出来，以便在操作时反复尝试，修改设计过程中的图形，达到最佳效果，从而弥补了传统设计工具的缺陷。

创意实践

　　现代设计的主调是简洁、明快，但简洁不是单调。霓虹灯光效果在广告的产品商标、产品名称、符号标志设计中要求单纯、明确，这是指文字要简练、构图要清晰。而当代霓虹灯光效果已涉及更广泛和较复杂的表现形式，千篇一律的设计已不能满足时代要求。随着社会和科技的发展，创意与创新愈显重要。因为再先进的工艺和技术，要使它变为成功的作品，创意和创新仍应放在首要的位置。一些看似简单的设计，其实并不简单。因为它不仅要融入设计者新的思想，而且在技术上也要采取一些新的方法。没有创意就谈不上创新，创意需要形式来表现，创新需要内容来填充。

　　在霓虹灯光效果的设计中，形式与内容的结合仍然是创作的基本法则，根据下列KTV霓虹灯光（图8-15）和酒吧霓虹灯光（图8-16）的展示效果，利用三维软件和Unity后期交互软件完成虚拟现实创意设计的过程。

图8-15　KTV霓虹灯光效果

图8-16　酒吧霓虹灯光效果

第**9**章 | 蝴蝶漫天飞舞路径动画交互设计

知识目标 ● 掌握PNG透明贴图设计、动画设计、UI设计与脚本设计等内容。

能力目标 ● 掌握模型、材质、摄像机和动画设计，UI设计和脚本交互设计。

素质目标 ● 了解路径动画整体场景的氛围表现，培养个体的审美能力。

学习重点 ● 透明贴图的制作和利用父子层级制作路径动画。

学习难点 ● 全景环境的制作和脚本设计。

蝴蝶场景模型主要由两种形式构成：一种是利用二维样条线绘制轮廓，然后转化为可编辑多边形对象；另一种是利用平面物体进行绘制，然后利用贴图的方式进行表现。以上两种方式，都可以设计蝴蝶的模型。

蝴蝶场景材质也主要由两种形式构成：一种是二维样条线绘制的图形，材质设计为漫反射后添加渐变坡度贴图；另一种是平面物体对象，材质设计为漫反射和不透明度通道后添加一张PNG格式的透明贴图。以上两种方式，都可以设计蝴蝶的材质。

在开始本案例的交互设计之前，需要了解蝴蝶场景三维动画设计的过程，此部分内容可以扫二维码学习。本案例素材位置：出版社官网/搜本书书名/资源下载/第9章。

在交互设计过程中，主要针对模型材质、UI按钮、场景动画、程序脚本等方面，通过完整的创意构思和设计流程进行交互设计的制作。若发现导入进来的模型在场景中显示纹理不清晰或者边缘有白边的现象，可以在Photoshop软件中调整模型贴图的纹理边缘，存储为背景透明的PNG格式文件，优化模型在视图中的显示效果。

蝴蝶场景三维动画设计

9.1 环境与音乐设计

（1）环境设计

为了营造良好的环境效果，可以利用一个静态图片作为背景，将外部素材图片导入Unity场景中，然后将"Texture Type"设置为"Sprite（2D and UI）"属性（图9-1）。调整其位置位于漫游摄像机的两侧（图9-2），后期用于主摄像机和旋转摄像机动画展示的背景，这样场景的环境设计就制作完成了。为了得到更好的视觉效果，还可以加载全景贴图或者动态视频文件作为背景的环境使用，具体情况可以根据项目要求进行灵活设计。

（2）音乐设计

为了完善场景的听觉系统，在Hierarchy面板中创建一个空对象，命名为"Music"，然后在Inspector面板中为其添加Audio Source和Audio Listener组件，然后将Assets文件夹中的音频素材拖拽到AudioClip变量中（图9-3）。设置相关的参数，这样在运行场景测试的时候，背景音乐就会自动播放了。

图9-1　环境贴图设置

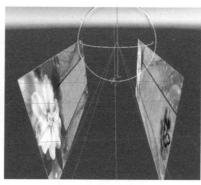

图9-2　贴图位置设置

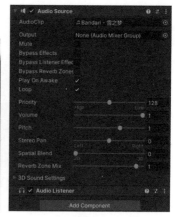

图9-3　音频组件设置

9.2　UI设计

在Hierarchy面板中创建7个Button按钮对象，移动位置位于视图的左下方，修改"Transition"模式为"Sprite Swap"，然后将外部的贴图文件分别拖拽到Source Image通道和Pressed Sprite通道（图9-4），用于贴图正常显示状态和按下状态的效果。为场景中的按钮对象分别赋予对应的贴图文件（图9-5），场景中的按钮分别用于控制场景中摄像机的视角切换，点击按钮可以进行摄像机动画视角的切换。还可以根据交互需要，制作其他功能按钮，用于其他视觉效果的交互设计。

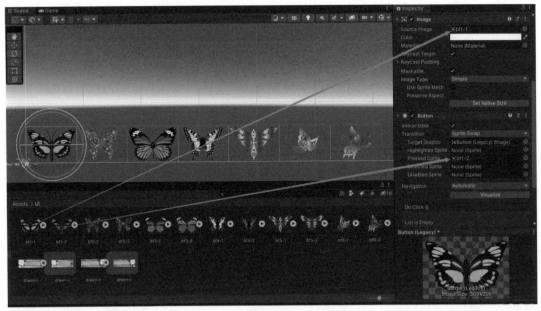

图9-4　按钮图片贴图设置

bf1-1　　　　　bf1-2　　　　　bf2-1　　　　　bf2-2

bf3-1　　　　　bf3-2　　　　　bf4-1　　　　　bf4-2

bf5-1　　　　　bf5-2　　　　　bf6-1　　　　　bf6-2

图9-5　按钮贴图

9.3　脚本交互设计

（1）模型动画设计

将场景中单独保存的模型文件导入视图窗口中，修改材质类型为"Legacy Shaders"→

"Transparent"→"Bumped Diffuse"，然后分别将贴图文件指定给对应的模型文件（图9-6）。在Assets文件夹中，将模型的动画数据文件指定给模型（图9-7）。选择动画片段，在Rig模块中设置"Animation Type"为"Legacy"模式（图9-8）。在Animation模块中设置"Wrap Mode"为"Loop"模式（图9-9）。通过以上设置，模型身上的动画效果就可以正常循环播放了，可以在动画视图中根据需要调整运动速率和动画效果。3ds Max导入的动画模型文件也可以参考上述操作流程进行设置，这样摄像机动画在运行的时候就可以正常播放了。

图9-6　模型贴图设置

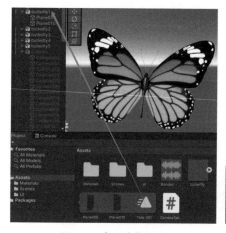

图9-7　动画片段设置

图9-8　Rig模块属性设置

图9-9　Animation模块
属性设置

（2）脚本设计

在Unity中，可以通过编写脚本来实现点击按钮来切换不同摄像机的功能。脚本内容可扫码学习。

▶ 脚本设计 ◀

在这个示例中，需要首先定义一个存储所有摄像机的数组和存储所有按钮的数组。在Start( )方法中，通过循环给每个按钮添加点击事件监听器。监听器调用了SwitchCamera( )方法，并将当前按钮对应的摄像机索引作为参数传入。SwitchCamera( )方法首先会禁用所有摄像机，然后根据传入的摄像机索引激活对应的摄像机。

将代码添加到一个脚本文件中，并把这个脚本挂载到场景中的任意游戏对象上，然后将对应的摄像机和按钮分别赋值给cameras和buttons数组（图9-10）。这样当点击不同的按钮时，就会切换到对应的摄像机了（图9-11）。

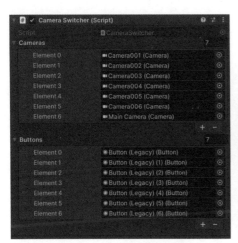

图9-10　摄像机和按钮的赋值

图9-11　场景运行画面

9.4　编译与输出

测试场景正常运行后保存场景文件，然后执行File菜单下的"Build Settings"命令，在弹出的对话框中选择"Platform"为"Windows，Mac，Linux"选项。点击"Player Settings"按钮，可以在弹出的对话框中修改属性设置（图9-12）。设置完成以后，单击"Build"按钮，选择输出保存的文件夹位置，就可以对场景进行整体编译输出了。等待程序编译完成后，便可以测试程序最终合成的效果。对于蝴蝶飞舞的动画表现和交互方式，设计者还可以根据个人的灵感和创意自由设计。

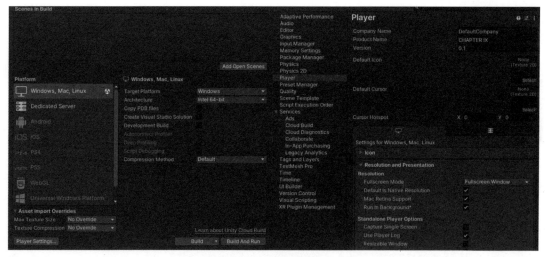

图9-12　输出设置

本章小结

　　本案例运用二维样条线和平面物体来表现蝴蝶造型，有助于建模形式多样化的表现；在材质贴图表现过程中，掌握PNG透明贴图设计的方法和技巧；在动画制作过程中，巧妙利用虚拟对象建立的父子层级链接关系进行路径动画设计；通过物体轴心点的调整，配合轨迹视图曲线编辑器，完成蝴蝶飞舞的循环动画设计；对于动画形式的表现，除了蝴蝶自身的动画以外，还通过摄像机跟随运动将动画形式的视觉效果表现得更为丰富，虚拟对象在其中起了重要的属性传递作用；后期交互设计过程中，场景整体环境设计和UI设计是表现场景质感和层次的重要环节，通过脚本语言命令的运用，将视听语言和动画元素整合在虚拟现实场景中，运用艺术化的手法完成蝴蝶飞舞动画的交互设计。

创意实践

　　根据本案例的设计流程和方法，思考以下问题：

　　① 利用平面物体建模表现蝴蝶造型，为何用两个平面而不是一个平面？

　　② 根据PNG格式的贴图属性和特征，在制作透明贴图时需要注意哪些事项？若在案例中使用JPEG格式的文件，该如何设计和制作贴图？

③ 动画时间配置的时间总长度为什么与蝴蝶完成一次飞舞动画时间长度呈倍数关系？

④ 在蝴蝶动画制作过程中，为什么要用虚拟对象链接到路径做约束动画？为什么不可以将蝴蝶模型直接绑定到路径做约束动画？

⑤ 在摄像机动画制作过程中，为何目标约束和位置约束动画要选择将摄像机的目标点绑定到虚拟对象？但在路径约束动画中，为何不将摄像机的目标点绑定到路径，而是直接将摄像机绑定到路径？

⑥ 在进行动画组命名的时候，为什么只把蝴蝶模型添加到刚体动画集合？既然虚拟对象是蝴蝶模型的父物体，为何不直接把虚拟对象添加到刚体动画集合？

⑦ 在交互设计过程中，如何将3ds Max制作的摄像机注视约束和位置约束动画通过脚本控件实现不同镜头之间的动态切换？

⑧ 根据设计的整体创意和表现流程，分析一下透明贴图在三维场景和交互场景中的作用和意义是什么。

第**10**章 | 益智答题测试交互设计

知识目标 ● 掌握三维场景设计与脚本设计等内容。

能力目标 ● 掌握模型、材质和动画设计，掌握粒子特效和交互设计。

素质目标 ● 通过益智答题趣味设计，提高逻辑思维能力和分析处理问题能力。

学习重点 ● 场景设计、动画设计和UI设计。

学习难点 ● 全景环境的制作、特效的设计和脚本的应用方式。

本案例进行一个益智测试题目场景的交互设计，题目如下：受到火焰山烈焰的攻击，哪吒、红孩儿、嫦娥、清风、明月要过一座桥抵达安全地点避难。哪吒过桥要1秒，红孩儿要3秒，嫦娥要6秒，清风要8秒，明月要12秒。此桥每次最多可过两人，过桥的速度依过桥最慢者而定。由于火焰山燃烧比较猛烈，没有过桥的人必须要有护身符保护，因此，在两人抵达对岸后需要有一人回来送护身符。然后继续两人过桥，按照两人过桥一人返回的顺序依次进行。已知护身符的时效只有30秒，问哪吒等人该如何在30秒内过桥抵达安全地点。

根据题目的描述，场景的构成元素主要有以下几种：哪吒、红孩儿、嫦娥、清风和明月5个角色的造型设计，1座桥的造型设计，1个场景环境设计。前期3ds Max主要完成角色和桥的造型设计，后期场景环境设计可以在Unity交互软件中实现。

在开始本案例的交互设计之前，需要了解益智答题三维场景设计的过程，此部分内容可以扫二维码学习。本案例素材位置：出版社官网/搜本书书名/资源下载/第10章。

益智答题三
维场景设计

在进行交互设计制作之前，首先要分析题目的结果在什么样的条件下能够实现。这类智力题目其实是考察答题者在限制条件下解决问题的能力。具体到这道题目来说，很多人往往认为应该由哪吒来回送护身符这样最节省时间，但最后却怎么也凑不出解决方案。换个思路，可以根据具体情况来决定谁持护身符来回，只要稍稍做些变动即可：第一次，哪吒与红孩儿过桥，哪吒回来，耗时4秒；第二次，哪吒与嫦娥过桥，红孩儿回来，耗时9秒；第三次，清风与明月过桥，哪吒回来，耗时13秒；最后，哪吒与红孩儿过桥，耗时3秒，总共耗时29秒。

明确了设计的思路和方法，在后期交互设计中可以完善场景的层次和氛围，增加粒子特效和摄像机动画，通过UI和脚本语言，最终实现益智答题场景的趣味交互设计。

10.1 材质与环境设计

3ds Max中对模型的材质进行了基础设置，在导入Unity的Project窗口中可以根据需要调整材质的类型和贴图的属性（图10-1）。环境设计采用场景默认的天空盒材质作为基础材质，也可以根据需要制作自定义的环境，从而进行全景环境的设计和模拟。

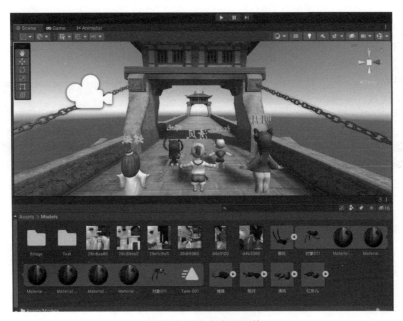

图10-1　材质贴图调整

10.2 粒子特效设计

模拟火焰山的动态火焰效果，可以利用粒子系统进行模拟和表现。在Hierarchy面板创建一个粒子系统（Particle System）。在粒子系统的Renderer面板中，将"Render Mode"（渲染模式）改为"Billboard"（公告牌）（图10-2）。

为了制作真实的火焰形态，可以通过材质系统进行效果模拟和细节表现，在Assets文件夹中新建一个Material，修改材质Shader类型为"Legacy Shaders"→"Particles"→"Additive（Soft）"，然后

图10-2　Render Mode属性设置

将火焰贴图赋予到材质的贴图显示通道（图10-3），最后将材质球赋予到粒子系统。通过以上设置，场景中的火焰就会以具体的形态进行显示，方便后期调整粒子系统的其他相关参数。

粒子系统的材质是由一个8×4的序列贴图进行表现制作，为了得到正确的动画显示效果，可以在"Texture Sheet Animation"模块中设置"Tiles"的参数X为8，Y为4（图10-4），这样粒子的基础动画和形态设计就制作完成了。

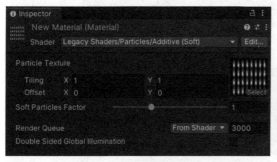

图10-3　粒子系统材质设置

图10-4　Texture Sheet Animation参数设置

在粒子系统基本参数中设置"Start Lifetime"为2，"Start Speed"为3～5，"Start Size"为5～10，"Start Color"为白色，"Max Particles"为100，其他参数保持默认设置（图10-5）。

在Emission模块中设置"Rate over Time"的数值为20。在Shape模块中设置"Shape"类型为"Cone"，"Angle"的数值为30，"Radius"的数值为2.5，其他参数保持默认设置（图10-6）。

图10-5　粒子系统基本参数设置

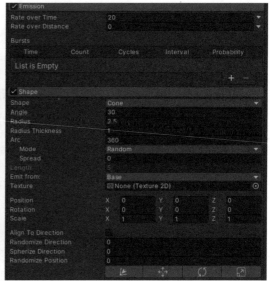

图10-6　粒子系统Emission与Shape参数设置

在Color over Lifetime模块中，设置颜色为两端透明，中间为白色的显示效果，用来模拟渐入渐出的动画效果。在Size over Lifetime模块中，设置"Size"的曲线为减速运动状态（图10-7），用来控制粒子在运动过程中的尺寸变化状态。开启"Noise"模块，设置"Frequency"为0.1，用于随机运动的噪波效果。

以上参数设置完成后，可以在视图中根据需要实时调整其他相关参数的设置，最终完成的效果如图10-8所示。

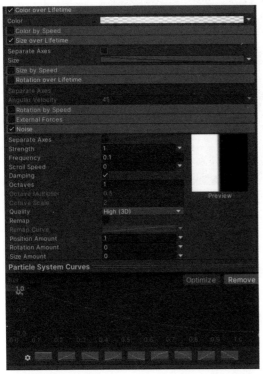

图10-7　粒子系统Color、Size与Noise参数设置

图10-8　粒子系统最终效果

10.3　文字与角色动画设计

（1）文字动画设计

可以将3ds Max制作的文字动画，加载动画片段自动播放，也可以在Unity中使用以下脚本让模型自动旋转。脚本内容可扫码学习。

将上述脚本添加到希望自动旋转的文字模型上即可。在脚本中，rotationSpeed变量用于设置模型绕X、Y和Z轴的旋转速度（图10-9）。在Update( )方法中，每一帧都根据旋转速度进行旋转操作。Time.deltaTime表示上一帧到当前帧的时间间隔，以保持平滑的旋转。可以根据实际需求调整rotationSpeed的值来控制旋转的速度和方向。

▶ 文字动画设计 ◀

图10-9　自动旋转脚本设置

（2）角色动画设计

可以将3ds Max制作的角色动画，加载动画片段自动播放，可以编写以下脚本来实现点击按钮后模型的线性位移动画，再次点击按钮使其返回到初始位置。脚本内容可扫码学习。

角色动画
设计

在上述脚本中，targetDestination变量是目标位置的Transform组件，initialPosition变量是初始位置的Transform组件（图10-10）。speed变量定义了移动的速度。

在Move( )方法中，调用了一个协程MoveToTarget( )来实现模型向目标位置移动的线性位移动画效果。在协程中，将target变量设置为目标位置的值，使用Vector3.MoveTowards( )方法持续地将模型向目标位置移动，直到达到目标位

图10-10　角色运动脚本设置

置。类似地，在ResetPosition( )方法中调用了另一个协程MoveToInitialPosition( )来实现模型回到初始位置的线性位移动画效果。

要使按钮与脚本交互，将此脚本附加到具有按钮组件的游戏对象上，并将按钮的点击事件连接到Move( )和ResetPosition( )方法上。

10.4　UI与脚本设计

（1）UI设计

利用Photoshop软件创建一系列的PNG格式的贴图文件（图10-11），为后期制作控件的贴图做准备。在Hierarchy面板中，通过UI菜单，分别创建相应的Button按钮、Text文本

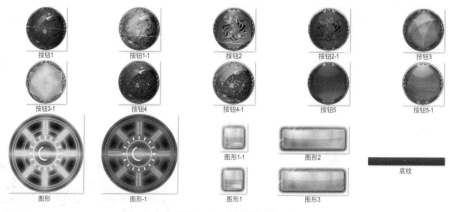

图10-11　贴图总览

和Raw Image图片对象，把Photoshop中绘制的贴图文件依次加载到图标控件的普通状态和按下状态。调整UI按钮的位置与窗口比例自由缩放，然后利用移动和缩放工具进行自由的排列和组合（图10-12），直到构图和整体视觉效果达到比较和谐的状态为止。

图10-12　UI布局

（2）计时系统脚本设计

可以通过脚本实现模型动画的移动次数和耗时的数据统计，脚本内容可扫码学习。

脚本编辑完成以后，为其指定一个空对象模型，然后在Inspector面板中将对应的变量拖动到相应的函数中。其中scoreText用于时间的数据累计，stepText用于步数的数据累计，win用于游戏胜利的文本显示对象，lose用于游戏失败的文本显示对象（图10-13）。为了在往复运动过

程中可重叠计时，可以增加两个微调按钮，用于时间计数的数值微调，在"＋"按钮中，执行AddPoints( )方法（图10-14），在"－"按钮中，执行ReducePoints( )方法（图10-15）。游戏胜利与失败的文本显示主要通过ScoreManager脚本中的数据累计进行计算，计算的规则是：如果分数小于等于30，并且步数等于11，显示win对象；如果分数大于30，或者步数大于15，显示lose对象。通过定义的win和lose两个变量，运行场景达到相应的条件，则会显示相应的文本对象。

图10-13　Score Manager脚本变量设置

图10-14　加分微调设置

图10-15　减分微调设置

（3）模型动画按钮脚本设计

在"哪吒"按钮的On Click( )鼠标单击事件中，为其指定Move( )和ResetPosition( )方法，同时执行NezhaPoints( )方法（图10-16）。在"红孩儿"按钮的On Click( )鼠标单击事

件中，为其指定Move( )和ResetPosition( )方法，同时执行honghaierPoints( )方法（图10-17）。在"嫦娥"按钮的On Click( )鼠标单击事件中，为其指定Move( )和ResetPosition( )方法，同时执行 changePoints( )方法（图10-18）。在"清风"按钮的On Click( )鼠标单击事件中，为其指定Move( )和ResetPosition( )方法，同时执行qingfengPoints( )方法（图10-19）。在"明月"按钮的On Click( )鼠标单击事件中，为其指定Move( )和ResetPosition( )方法，同时执行 mingyuePoints( )方法（图10-20）。通过以上设置，运行场景，就可以实现点击按钮动画播放的效果，同时实现计时和累计步数的数据统计效果。

图10-16　"哪吒"按钮鼠标点击事件设置

图10-17　"红孩儿"按钮鼠标点击事件设置

图10-18　"嫦娥"按钮鼠标点击事件设置

图10-19　"清风"按钮鼠标点击事件设置

图10-20　"明月"按钮鼠标点击事件设置

（4）提示文字脚本设置

可以使用二维码中的C#代码在Unity中实现按下Tab键显示图片，松开Tab键隐藏图片的功能。

要使用这个脚本，需要将其附加到包含图片的游戏对象上。将图片对象拖放到Unity编辑器的imageObject字段中（图10-21），并确保在脚本中指定了正确的图片对象。此脚本将在按下Tab键时切换图片可见性。如果图片在按下Tab键时处于隐藏状态，脚本将显示它；如果图片在按下Tab键时处于显示状态，脚本将隐藏它。

提示文字
脚本设置

图10-21　imageObject变量设置

（5）摄像机视角脚本设置

要在Unity中按下空格键切换摄像机，可以使用二维码中的C#脚本。

确保在场景中有多个摄像机对象，并将其分配给cameras数组（图10-22）。按下空格键时，脚本会切换到下一个摄像机。当到达数组末尾时，脚本会从头开始切换。

摄像机视角
▶ 脚本设置 ◀

图10-22　cameras数组设置

（6）场景重新加载脚本设置

在Unity的场景中创建一个按钮对象，并给它添加一个Button组件。创建一个名为"SceneReloader"的C#脚本，并将其附加到想要重新加载运行场景的游戏对象上。要点击按钮重新加载运行场景可以通过二维码中的代码来设置。

场景重新加
▶ 载脚本设置 ◀

在Unity编辑器中，将刚刚创建的按钮对象拖拽到脚本所在的游戏对象的Scene Reloader组件上。在按钮对象的Button组件的On Click()事件中，将目标设为脚本所在的游戏对象，然后选择Scene Reloader组件中的ReloadScene()方法（图10-23）。这样，当点击按钮时，运行场景就会重新加载。注意，这将重新加载整个场景，包括所有的游戏对象和状态。

图10-23　重新加载场景脚本设置

10.5　编译与输出

（1）背景音乐设计

为了增加场景中的交互效果，可以增加相应的音频文件作为背景音乐使用。在Hierarchy面板中选择任意一个空对象，在Inspector面板中为其添加Audio Source和Audio

Listener组件，然后将Assets文件夹中的音频素材拖拽到AudioClip变量中，勾选"Play On Awake"和"Loop"选项，这样在运行场景测试的时候，背景音乐就会自动播放了（图10-24）。

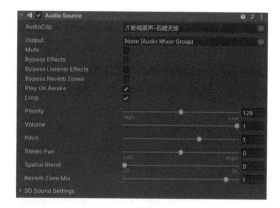

图10-24　音频组件设置

（2）输出设置

测试场景正常运行后保存场景文件，然后执行File菜单下的"Build Settings"命令，在弹出的对话框中选择"Platform"为"Windows，Mac，Linux"选项。点击"Player Settings"按钮，可以在弹出的对话框中修改属性设置（图10-25）。设置完成以后，单击"Build"按钮，选择输出保存的文件夹位置，就可以对场景进行整体编译输出了。对于益智答题测试的场景模型与材质设计、UI设计、脚本交互设计和逻辑关系设计，还可以根据设计者的设计表现和意图进行自由创作，结合想象力和创作力，最终创作出完美的虚拟现实交互设计作品。

为了更好地体验交互设计的过程，在运行场景中可以按照以下步骤进行操作：①"哪吒""红孩儿""–"1次；②"哪吒"；③"嫦娥""哪吒""–"1次；④"红孩儿"；⑤"明月""清风""–"8次；⑥"哪吒"；⑦"哪吒""红孩儿""–"1次。这样的顺序操作可以使交互场景充满趣味。另外，在每个摄像机视角都可以按下空格键进行切换观察，通过辅助提示的配合来实现虚拟场景的观察和交互。

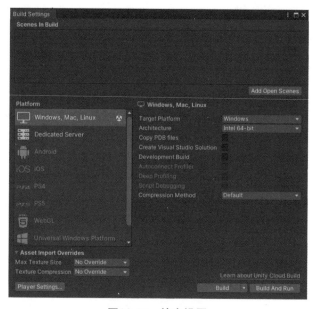

图10-25　输出设置

本章小结

　　通过本案例的创作和表现掌握三维场景设计的一般规律和方法，通过三维动画技术和交互设计艺术进行虚拟现实设计。在前期建模和材质设计阶段，主要掌握多边形建模技术和DDS贴图的设计；动画创作中通过不同时间点的关键帧设置来实现人物角色的动画设计；运用轨迹视图曲线编辑器，完成动画运动速率和循环方式的设计，掌握群组动画的设计和动画时间的分配方式。在后期的交互设计中，UI设计和脚本设计是实现良好交互功能的重要环节，通过环境设计和粒子特效设计完善场景的内容和层次，利用脚本程序进行动画制作，运用UI进行交互过程制作，综合运用变量函数，最终完成交互场景的创意设计。

＜ 创意实践

　　《周易》起源于伏羲八卦，伏羲八卦又源于河图、洛书。河图、洛书是以黑点或白点为基本要素，以一定方式构成若干不同组合，并整体上排列成矩阵的两幅图式（图10-26）。河图上排列成数阵的黑点和白点，蕴藏着无穷的奥秘；洛书上纵、横、斜三条线上的三个数字，其和皆等于15，十分奇妙。河图、洛书所表达的是一种数学思想。只要细细分析便知，数字性和对称性是"图""书"最直接、最基本的特点，"和"或"差"的数理关系则是它的基本内涵。它体现了左旋之理、象形之理、五行之理、阴阳之理和先天之理。

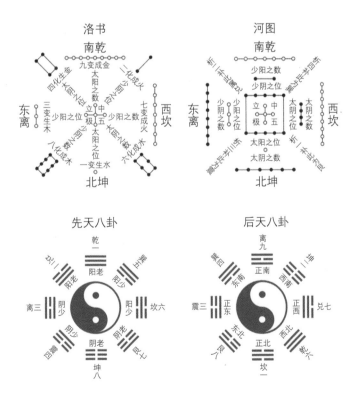

图10-26　洛书、河图与八卦

（1）河图包含的数理关系

① 等和关系。除中间一组数（5、10）之外，纵向或横向的四个数字，其偶数之和等于奇数之和。

纵向数字（7、2；1、6）中$7+1=2+6$；

横向数字（8、3；4、9）中$8+4=3+9$。

并得出推论：河图中，除中间一组数（5、10）之外，奇数之和等于偶数之和，其和为20。

② 等差关系。四侧或居中的两数之差相等，上（$7-2$）、下（$6-1$）、左（$8-3$）、右（$9-4$）、中（$10-5$），其差均为5。

（2）洛书包含的数理关系

① 等和关系。非常明显地表现为各个纵向、横向和对角线上的三数之和相等，其和为15。

② 等差关系。细加辨别，洛书隐含着等差数理逻辑关系。

洛书四边的三个数中，均有相邻两数之差为5，且各个数字均不重复：

上边（4、9、2）中$9-4=5$；

下边（8、1、6）中$6-1=5$；

左边（4、3、8）中$8-3=5$；

右边（2、7、6）中$7-2=5$。

显然这个特点与河图一样，反映出洛书与河图有着一定的内在联系。

纵向、横向和对角线上的三个数中，中间数5与其他两数之差的绝对值相等：

纵向$|5-9|=|5-1|$或$9-5=5-1$；

横向$|5-3|=|5-7|$或$5-3=7-5$；

右对角线$|5-2|=|5-8|$或$5-2=8-5$；

左对角线$|5-4|=|5-6|$或$5-4=6-5$。

综合以上分析，可以清楚地发现数理关系和对称性是河图、洛书的基本特点，河图、洛书包含着基本的自然数之间"和"或"差"的算术逻辑关系。尽管两者有所差别，但是它们表示的数理关系有相似之处，有内在的必然联系。

利用三维动画和交互设计技术，通过3ds Max和Unity软件设计平台，以河图、洛书包含的数理关系为主题，将数据变化的特征和数据关系之间的算法进行虚拟现实交互设计。

第**11**章 | 室内空间虚拟现实交互设计

知识目标 ● 掌握室内场景三维设计、动画设计、UI设计与脚本设计。

能力目标 ● 掌握模型、材质、灯光和关键帧动画的设计与表现,掌握交互设计的方法与流程。

素质目标 ● 设计内容注重整体性与深度,内容与时俱进,促使学生发挥创意思维解决问题,强化设计的目的性与实操性。

学习重点 ● 光影信息的表现和轴心点动画的制作。

学习难点 ● 角色控制器与动画设计、物体碰撞属性的设置以及脚本的综合运用。

三维动画技术在室内设计中的应用已经非常广泛,无论是制作技术还是表现形式上,都有比较成熟的技术支撑。随着科技的进步和计算机技术的不断发展,未来在室内设计领域,虚拟现实技术可能会成为房地产商进行楼盘和项目展示的主要手段。通过互联网媒介,可以将设计的样板房以三维空间立体成像的方式呈现在大众的面前,这样购房者可以身临其境地观赏和体验室内空间设计和户型设计,能够更加形象直观地感受房屋的结构设计。本案例的设计旨在通过三维动画技术和交互体验艺术相结合的方式,来展示室内空间虚拟展示的创造过程。

在开始本案例的交互设计之前,需要了解室内空间模型材质和灯光动画设计的过程,此部分内容可以扫二维码学习。本案例素材位置:出版社官网/搜本书书名/资源下载/第11章。

在交互设计过程中,主要体现的内容是观者可以通过浏览网页或者进入应用程序的方式,来观察室内场景的空间设计,可以在空间中模拟第一人称和第三人称视角进行观察和互动,能够控制人物在场景中的任意位置观察。此外,通过UI和脚本的设计,还可以触动按钮实现摄像机镜头的推拉和位移,从而更好地展示室内场景。

室内空间模
▶型材质和灯◀
光动画设计

（1）室内空间材质调整

将制作完成的室内空间模型导入Unity场景中，若发现烘焙材质的亮度或者色彩缺少层次或者变化，可以在Project窗口中新建材质球，然后在Inspector面板中调整物体的材质属性，将Shader类型和颜色进行基础设置。其中，玻璃材质采用"Legacy Shaders"→"Transparent"→"Diffuse"（图11-1），其他材质通过不断的调试和对比观察，直到调整出满意的材质效果为止。

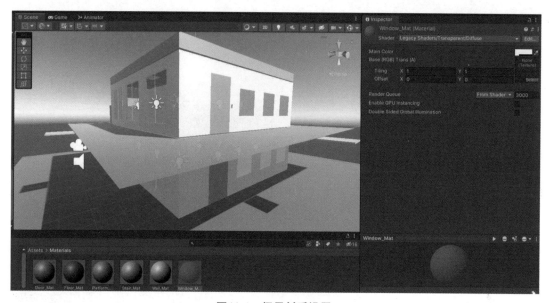

图11-1　场景材质设置

（2）场景照明设计

要想营造良好的场景照明效果，可以通过灯光照明系统进行模拟和表现，室内空间主要采用3ds Max导入的点光源照明系统进行局部照明，室外空间可以采用Unity中的光源系统进行照明设计。创建两个Directional Light，一个用于主光源照明设计，"Shadow Type"设置为"Soft Shadows"，"Color"设置为浅蓝色，"Intensity"设置为0.6（图11-2）。另外一个用于辅助光源照明设计，"Shadow Type"设置为"No Shadows"，"Color"设置为浅黄色，"Intensity"设置为0.5（图11-3）。

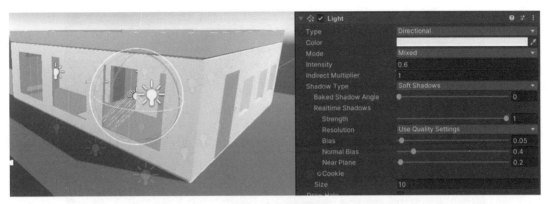

图11-2　主光源设置

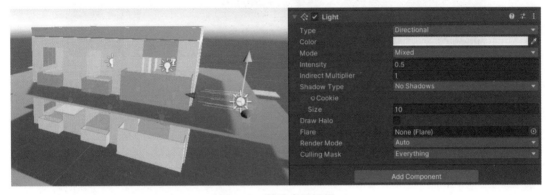

图11-3　辅助光源设置

（3）室外空间环境设计

　　模拟室外空间的全景环境，可以利用天空盒材质。导入对应的全景图片，创建一个

天空盒六面材质，将对应的贴图文件指定给材质通道，分别制作一个白昼环境（图11-4）和一个夜景环境（图11-5）。这样在旋转视图的时候，全景环境就会随着视角的变化而变化，后期通过脚本实现天空盒材质的转换效果。

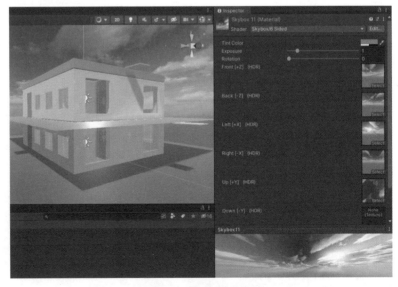

图11-4　天空盒材质设计1

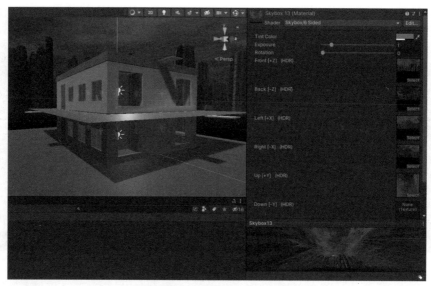

图11-5　天空盒材质设计2

11.2　室内空间UI设计

按钮控件的主要功能有四个：第一，视图导航，单击不同方向的按钮可以实时控制摄像机的推拉和摇移；第二，户型鉴赏，通过不同的按钮可以切换一层、二层和楼顶的户型剖面；第三，控制场景中背景音乐的暂停和播放；第四，可以切换不同的视角和动画模式。

在Hierarchy面板中创建多个Button按钮对象，用于摄像机方向的移动、不同楼层结构的切换、背景音乐的控制以及不同摄像机视角的切换。在Inspector面板中调整按钮控件的位置使其位于视图的左下方，同时赋予对应的纹理贴图（图11-6）。

图11-6　按钮控件

11.3 室内空间摄像机与动画设计

（1）第一人称视角设计

为了交互场景更好地体现展示过程，可以将系统Character资源包导入Project窗口中，然后将FPSController预置对象拖动到场景中（图11-7），将对象调整到合适的位置。可以配合键盘上的W、S、A、D键，以第一人称视角进行场景的漫游观察。

图11-7　FPSController控制器

（2）第三人称视角设计

为了在视图中模拟第三人称视角来控制角色观察视图，可以将Project窗口中的ThirdPersonController预置对象拖动到场景中（图11-8）。可以配合键盘上的W、S、A、D键，以第三人称视角进行场景的漫游观察。为了让摄像机跟随角色一起运动，可以创建一个Camera对象，然后拖动到ThirdPersonController对象下作为子对象。

（3）动画视角设计

要想利用摄像机实现自动展示动画效果，可以创建一个Camera对象进行模拟制作。在Animation面板中为摄像机的Position和Rotation属性添加关键帧动画（图11-9），制作一个15秒左右的展示动画。可以根据场景需要，单独制作室内或者室外的动画展示效果，根据项目制作的具体表现内容和要求，以达到自动展示动画的效果和目的。

图11-8　第三人称控制器设置

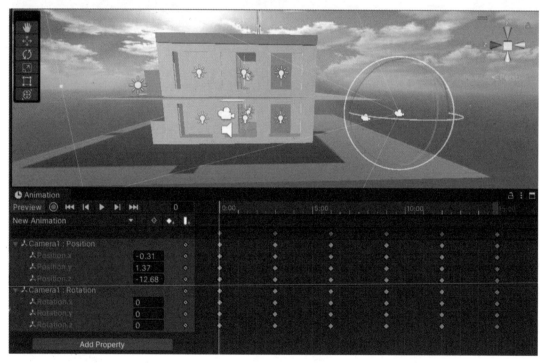

图11-9　摄像机动画设置

（4）漫游视角设计

为了手动控制摄像机自由移动，模拟虚拟摄像机自由运行的动画效果，可以调整场景中摄像机的初始视角位于场景的合适位置（图11-10），后期通过UI的方向按钮控制观察视图。

图11-10　漫游视角初始位置

（5）物理碰撞设计

　　在交互场景中为了避免第一人称角
色和第三人称角色在行走过程中穿墙
而过，可以开启场景物体的物理碰撞
属性，为不规则的墙体对象添加Mesh
Collider碰撞组件（图11-11），为地面
等对象添加Box Collider碰撞组件（图
11-12）。这样运行场景测试的时候，角
色碰到墙面就会被阻挡，从而可以更好
地模拟现实场景中的真实效果。为了防
止角色移动到场景的外部而发生掉落现
象，可以在场景的四周放置相应的Box

图11-11　Mesh Collider碰撞组件

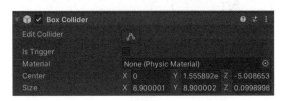

图11-12　Box Collider碰撞组件

Collider碰撞组件作为边界框，这样就可以限制角色的移动范围在碰撞边界之内的空间。

（6）模型动画设计

　　为3ds Max制作的模型动画加载相应的动画片段，并设置Animation模块的"Wrap
Mode"为"PingPong"（图11-13），设置Rig模块的"Animation Type"为"Legacy"
（图11-14）。动画播放模式可以根据后期交互需求进行自由设置，例如，可以通过点击
按钮的方式实现动画的播放效果，也可以通过角色触发的方式实现动画的被动播放效果。

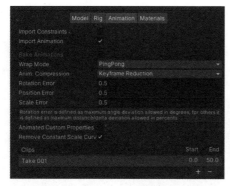

图11-13　Animation模块参数设置　　　　图11-14　Rig模块参数设置

11.4　室内空间脚本设计

（1）漫游视角脚本设计

要通过UI按钮控制摄像机的前后左右运动，需要使用Unity的UI系统来创建按钮，并编写脚本以响应按钮的点击事件。二维码中是一个脚本代码示例，能够实现通过UI按钮控制摄像机的运动。

漫游视角
脚本设计

在示例中，需要在场景中创建四个UI按钮来分别控制摄像机的前进、后退、左移和右移。按钮的名称应该为MoveForwardButton、MoveBackwardButton、MoveLeftButton和MoveRightButton。然后在脚本的Start( )函数中，通过GameObject.Find( )方法获取对应的按钮对象，并使用AddListener( )方法监听点击事件，将各个按钮的点击事件关联到相应的移动函数。当按钮被点击时，对应的移动函数会被调用，在其中设置isMoving标志为true，并根据移动方向改变摄像机的位置。在Update( )函数中，可以根据需要添加代码来检查是否需要停止摄像机的移动。将脚本附加到摄像机的游戏对象上，并在场景中创建按钮，并命名为正确的名称（MoveForwardButton、MoveBackwardButton、MoveLeftButton和MoveRightButton）来使示例脚本正常工作。

想要实现在Unity中通过UI按钮控制摄像机连续的前后左右运动效果，可以使用二维码中的脚本代码。

将以上代码添加到摄像机所在的游戏对象上（图11-15）。然后创建一个UI按钮，并将其与二维码中的代码关联，以执行相应的摄像机移动操作。

Camera
Movement
脚本设计

Button
Controller
脚本设计

将以上代码添加到一个名为"ButtonController"的脚本上，并将ButtonController脚本绑定到UI按钮上（图11-16）。在UI按钮的On Click()事件中，分别设置对应的方法来调用摄像机的移动协程函数（图11-17）。这样，当按住UI按钮时，摄像机将进行相应的前后左右移动；当松开UI按钮时，摄像机将停止移动。同时在场景中按下W、S、A、D键可以控制摄像机前、后、左、右的运动。

图11-15　Camera脚本设置

图11-16　ButtonController脚本设置

图11-17　On Click()事件设置

（2）模型显示与隐藏脚本设计

为了点击按钮实现模型显示与隐藏的效果，同时进行相关视角的切换，需要在场景中创建相应的Camera对象，并预先对齐到合适的位置，然后新建一个Model Control的C#代码。具体内容可扫码学习。

模型显示与
隐藏脚本
设计

以上代码编辑完成后，将场景中需要控制显示与隐藏的模型赋值给model变量（图11-18）。在Unity界面中，选择创建的按钮，然后在Inspector面板中找到Button组件。在Button组件的On Click()事件列表中点击"＋"按钮，再将刚刚创建的脚本拖放到指定区域。在On Click()事件列表中选择刚刚添加的脚本，并选中ToggleModelVisibility()方法（图11-19）。现在运行Unity场景时，点击按钮将会控制模型的显示与隐藏。

以上代码已经在场景中放置了两个摄像机，将需要切换的固定摄像机赋值给mainCamera变量，并将另一个摄像机赋值给otherCamera变量（图11-18）。在Unity界面中，选择创建的按钮，然后在Inspector面板中找到Button组件。在Button组件的On Click()事件列表中点击"＋"按钮，在指定的区域拖放刚创建的脚本。在On Click()事件列表中选择刚添加的脚本，并选中SwitchCamera()方法（图11-19）。现在运行Unity场景时，点击按钮将会切换到固定摄像机的视角，再次点击按钮则切换回原来的摄像机视角。

图11-18　Model Control脚本变量设置

图11-19　On Click()事件设置

（3）音效脚本设计

在Unity中，可以使用C#脚本来实现点击按钮时背景音乐的暂停与播放。脚本内容可扫码学习。

上述示例中，假设已经将背景音乐添加到场景中，并创建了两个按钮playButton和pauseButton用于控制音乐的播放和暂停。在Start( )方法中，为这两个按钮的点击事件分别添加了PlayBackgroundMusic( )和PauseBackgroundMusic( )方法。在PlayBackgroundMusic( )方法中，调用backgroundMusic.Play( )来播放背景音乐。在PauseBackgroundMusic( )方法中，调用backgroundMusic.Pause( )来暂停背景音乐。将此脚本挂载到适当的游戏对象上，并将相关的背景音乐和按钮分配给对应的变量。

▶ 音效脚本
设计 ◀

在Unity中，还可以使用一个按钮实现背景音乐的暂停和播放功能。脚本内容可扫码学习。

在上述示例中，将背景音乐添加到场景中（图11-20），并创建了一个按钮toggleButton用于切换背景音乐的播放和暂停状态。在Start( )方法中，为toggleButton按钮的点击事件添加了ToggleBackgroundMusic( )方法。

▶ Audio
Manager
脚本设计 ◀

在ToggleBackgroundMusic( )方法中，通过检查isPlaying变量的状态来确定当前背景音乐的状态。如果isPlaying为true，表示当前正在播放，将调用backgroundMusic.Pause( )暂停背景音乐；否则，将调用backgroundMusic.Play( )来播放背景音乐。

最后，在ToggleBackgroundMusic( )方法的末尾，通过"isPlaying = !isPlaying"切换isPlaying变量的状态，以便下次点击按钮时正确执行相应的操作。确保将此脚本挂载到适当的游戏对象上，并将相关的背景音乐和按钮分配给对应的变量（图11-21）。

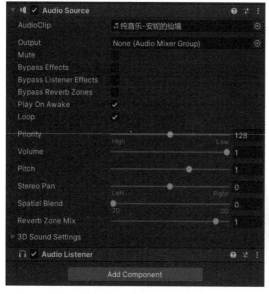

图11-20　背景音乐设置

图11-21　音乐脚本变量设置

（4）摄像机视角脚本设计

为了在场景运行的时候可以自由观察视角，编写一个脚本来实现点击不同按钮切换不同摄像机视角的功能。脚本内容可扫码学习。

摄像机视角
脚本设计

在脚本中使用了一个Camera类型的数组来存储所有摄像机对象，并使用一个Button类型的数组来存储按钮对象。在Start( )函数中，为每个按钮添加点击事件监听。通过遍历按钮数组，为每个按钮设置一个匿名的On Click事件监听器，并在表达式中调用SwitchCamera( )函数，传递相应的索引值。

SwitchCamera( )函数会先关闭所有摄像机，然后激活传递进来的索引处的摄像机。将该脚本添加到CameraSwitcher上后，将希望切换的四个摄像机分别添加到cameras数组中，并将对应的四个UI按钮分别拖拽到buttons数组中（图11-22）。这样，当用户点击不同的按钮时，就可以切换不同的摄像机视角了。

图11-22　cameras数组与buttons数组变量设置

（5）天空盒切换脚本设计

在Unity中，可以通过编写代码来实现点击空格键切换天空盒材质的功能。具体内容可扫码学习。

天空盒切换
脚本设计

在上述代码中，首先定义了一个skyboxMaterials数组，用于存储多种天空盒材质。然后，在Start( )方法中初始化当前材质的索引，并将其设置为渲染设置的天空盒材质。在Update( )方法中，检测到空格键的按下事件后，调用SwitchSkyboxMaterial( )方法进行材质切换。SwitchSkyboxMaterial( )方法中，通过自增当前材质的索引，并检查是否超出数组的范围。如果超出，则将索引重置为0。最后，将渲染设置的天空盒材质更新为新的材质。

添加上述代码到一个空对象的脚本组件中，然后将多个天空盒材质赋值给skyboxMaterials数组（图11-23）。将该脚本组件附加到场景中的一个对象上，就可以实现点击空格键切换不同的天空盒材质了（图11-24、图11-25）。

图11-23　skyboxMaterials数组赋值

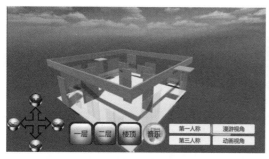
图11-24　白昼天空盒效果

图11-25　夜景天空盒效果

11.5　编译与输出

　　在编译和输出过程中，可以发布两种格式：一种是以WebGL格式运行的网页文件，一种是以EXE格式独立运行的编译程序。执行File菜单下的"Build Settings"命令，在弹出的对话框中选择"Platform"为"Windows，Mac，Linux"选项或者"WebGL"选项。点击"Player Settings"按钮，可以在弹出的对话框中修改属性设置（图11-26）。WebGL编译和输出前还需要安装相关的组件和插件。测试程序，根据需要打包合适的平台进行发布并预览。室内空间的动画和交互方式还可以根据项目内容和客户需求进行有针对性的设计和表现。

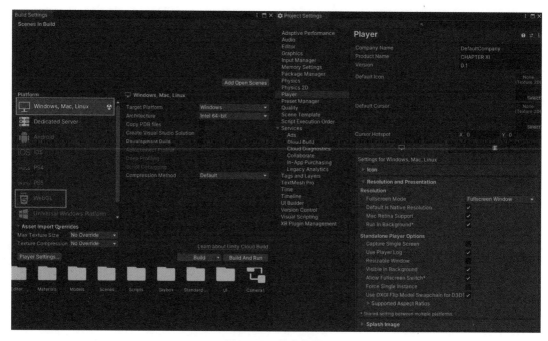
图11-26　输出设置

本章小结

虚拟现实在室内设计中作为一个独立体系正在快速发展，三维立体在虚拟现实中相比于传统手绘的优势在于，实际设计空间尺寸可以真实体现。这种设计可以更加快捷、直观、逼真地表达出设计效果，更加人性化和专业化。通过本章案例的制作，可掌握虚拟现实技术在室内设计中的应用和表现方法，采用三维动画技术和虚拟交互技术相结合的方式，进行大面积、全方位、多视角、强功能的动态展示，综合运用UI和脚本语言，实现创意设计。具体而言，学习本章后，应掌握室内空间灯光布置的原理、方法，理解轴心点对于动画表现的意义，能够在后期交互过程中掌握材质调节的细节处理和开启物体碰撞的方法，学会利用不同视角的动画控制器来实现场景的漫游效果，通过UI和脚本的配合设计实现虚拟场景的交互设计。

创意实践

根据室内空间虚拟现实交互设计的流程和方法，对室内空间的布局进行交互设计（图11-27）。根据创意和表现内容，利用三维动画软件3ds Max和后期交互软件Unity完成虚拟现实交互设计的过程，最终输出为Web浏览器格式文件和EXE格式独立运行的编译程序。

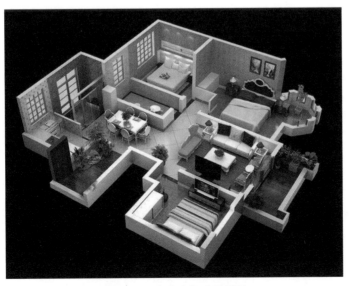

图11-27 室内空间布局设计

第**12**章 | 芝麻开门—芝麻关门触发动画交互设计

知识目标 ● 掌握三维场景设计、动画交互设计、UI设计、脚本设计等内容。

能力目标 ● 掌握模型、材质、灯光、摄像机、关键帧动画和烘焙渲染设计，掌握程序设计的实现方法。

素质目标 ● 通过交互设计案例的学习和训练，具备一定的操作技巧和思维活动能力。

学习重点 ● 场景建模与材质设计、关键帧动画制作和灯光照明设计。

学习难点 ● 角色触发动画与脚本交互设计。

"芝麻开门—芝麻关门"出自《天方夜谭》中的故事《阿里巴巴和四十大盗》，是用来打开藏宝洞的密码。据说，有一天阿里巴巴像往常一样赶着他的毛驴进了森林。阿里巴巴砍了好多柴，就在这时，他猛然听到有马蹄声，沙尘滚滚，远处一支马队朝他这边疾驰而来。阿里巴巴非常害怕，于是赶紧把毛驴拴到附近的大树下，自己爬上树，隐藏在茂密的枝叶之间，不被别人发现。过了一会儿，一支马队在附近停下。阿里巴巴数了数，一共四十个骑手。只见他们翻身下马，大声交谈。从他们的谈话中阿里巴巴明白这伙人是强盗，刚刚抢劫了一个商队，得到不少金银财宝。这个时候，一个首领模样的人走到附近的一座山前，冲着一块巨大的山石喊道："芝麻开门！"那巨石应声而开，露出一个大洞来。强盗们跟随首领鱼贯而入，过了一会儿，他们又一个个走了出来。首领又冲山石喊道："芝麻关门！"那巨石即刻恢复原样，严丝合缝地与其他山石连成一体。而后，强盗们纷纷上马，又向原来的路飞奔而去。

本案例的设计创意正是源于这个故事，前期构建一个虚拟的三维动画场景，后期通过角色动画和触发动画的控制实现"芝麻开门—芝麻关门"的动画设计。

在开始本案例的交互设计之前，需要了解芝麻开门—芝麻关门三维场景动画设计的过程，此部分内容可以扫二维码学习。本案例素材位置：出版社官网/搜本书书名/资源下载/第12章。

芝麻开门—芝麻关门三维场景动画设计

在交互设计过程中，主要通过相关动画和脚本触发，实现芝麻开门—芝麻关门的动画效果。此效果依托模型动画和脚本函数来实现。为了达到真实的效果，还需要进行场景模型物理碰撞和触发属性设置。此外，场景材质细节调整、UI设计和脚本设计也是实现良好交互功能的关键所在。

12.1 场景材质与环境设计

（1）场景材质调整

对于导入的初始场景，可以通过Material材质系统进行细节的模拟和表现（图12-1），从而增加场景的纹理细节和质感。在调整材质效果的同时，可以根据场景照明的效果，实时调整灯光的照明效果，以达到更好的视觉显示效果。整体材质效果可以根据创意自由设计。

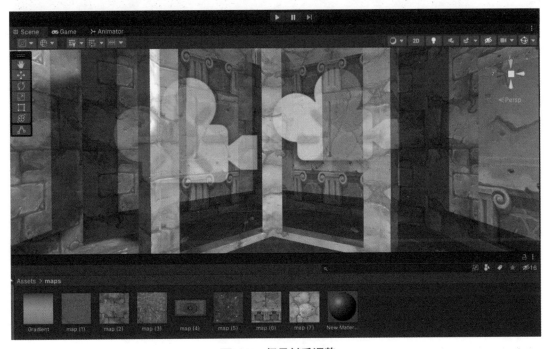

图12-1 场景材质调整

（2）全景环境设计

可以利用天空盒材质模拟和表现场景的全景环境。在Project窗口新建一个材质球，更改"Shader"类型为"Skybox"→"6 Sided"，并将6个贴图文件分别指定给天空盒材质对应的贴图通道。在Window菜单下，选择"Rendering"选项下的"Lighting"命令，在"Environment"选项中为Skybox Material变量赋值通道添加一个"Skybox Material"（图12-2），为场景环境赋予刚才制作好的天空盒材质。或者直接将材质球拖拽移动到场景的背景视图，也可以实现全景环境的制作。另外，还可以通过三维软件或者拍摄图片进行全景环境的设计，这样全景环境就制作完成了。

图12-2　天空盒材质设置

12.2　摄像机和角色动画设计

（1）创建摄像机

为了增加场景中的观察视角，在场景中分别创建8个定点观察摄像机、1个角色跟随摄像机、1个动画摄像机，调整摄像机的视角在场景中的位置（图12-3）。定点观察摄像机用于交互场景中视角的切换和场景的展示，角色跟随摄像机用于触发动画的实现，在3ds Max创建的动画摄像机用于场景外部全景展示。

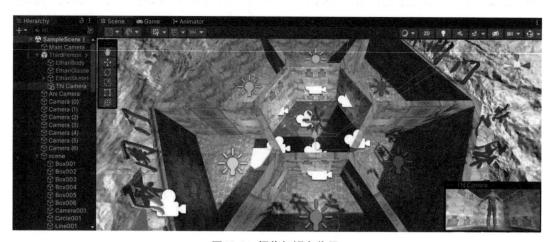

图12-3　摄像机视角位置

（2）模型动画设计

为了实现导入的模型的动画播放效果，可以为整体模型赋予动画控制器（图12-4），然后在Inspector面板中调整动画类型和播放速度到合适的数值。6个门的模型单独赋予对应的动画控制器（图12-5），取消勾选"Play Automatically"选项，方便后期与角色碰撞产生动画交互播放的效果。

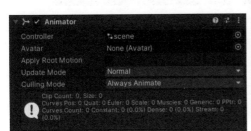

图12-4　整体模型动画控制器设置

图12-5　门模型动画控制器设置

（3）角色动画设计

将Character资源包导入系统资源使用，将ThirdPersonController预置对象拖入场景中，再调整到场景中适当的位置（图12-6）。然后将一个摄像机置于其层级对象之中，使其发生跟随运动的效果。这样在该视角运行场景的时候就可以按下W、S、A、D键来控制角色的行走运动，若发现角色的运动速度过快或者过慢，可以调整摄像机的移动速度来控制角色的运动状态。对于ThirdPersonController的参数，可以在后期脚本设计中根据场景碰撞属性和其他参数进行微调。

图12-6　第三人称控制器设置

（4）场景物理碰撞设计

为了避免角色模型在场景行走过程中穿墙而过，可以在Inspector面板中为场景中的地面和墙面等物体添加Box Collider和Mesh Collider碰撞组件（图12-7、图12-8）。这样再次运行场景观察效果，角色模型碰到墙面后就不能继续前进了，从而增加了虚拟场景交互的真实感。

图12-7　Box Collider碰撞组件

图12-8　Mesh Collider碰撞组件

12.3　UI设计与脚本交互设计

（1）UI设计

为了增加交互场景的其他功能，需要创建UI进行交互设计。在Hierarchy面板中新建一个Canvas，创建一个Raw Image作为底纹，并在透明属性中设置一定的整体透明。再新建一个Canvas，创建13个按钮（图12-9），分别控制场景的重置与退出、音乐的开关、摄像机视角的切换。将创建好的按钮利用对齐和排列工具进行规整对齐，然后在贴图中加载一个制作好的图片作为按钮的纹理贴图，按钮的颜色设置可以根据视觉识别和功能自由设计。在Inspector面板中调整按钮Canvas的Sort Order数值大于背景Canvas的Sort Order数值（图12-10），这样按钮就会在背景的前方显示。通过以上操作，UI就制作完成了。

图12-9　UI按钮设置

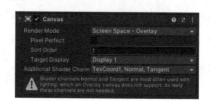
图12-10　Sort Order设置

（2）动画播放设计

在Unity中，要想实现模型靠近对象时播放动画的功能，可以使用二维码中的脚本代码。

以上脚本代码是一个简单的示例，首先需要将其挂载在模型所在的GameObject上（图12-11），确保已经给脚本提供了正确的Animator组件引用。这个脚本在每一帧都会检查玩家角色与模型之间的距离，当距离小于等于触发距离（Trigger Distance）时，会通过Animator组件来触发相应的动画（使用指定的triggerParameter参数）。

动画播放设计

图12-11　动画脚本变量设置

（3）自动开关门脚本设计

若想在Unity中实现门自动打开和关闭的功能，可以使用触发器和动画组件来实现。二维码中是一个示例的C#代码。

将上述代码挂载到门模型上，并将Animation组件的引用指定到animator变量。将角色的Transform组件的引用指定到player变量（图12-12）。设置distanceToOpen为角色与门的距离阈值，当角色与门的距离小于等于该值时门自动打开。门的打开和关闭由门模型的动画控制器中的动画状态机控制。

自动开关门脚本设计

确保门模型上有碰撞器组件，角色需要有与门模型的碰撞器相交的碰撞器。当角色靠近门时，门模型与角色的碰撞器相交，触发Update函数中的逻辑，播放门打开的动画。当角色远离门时，门模型与角色的碰撞器不再相交，触发Update函数中的逻辑，播放门关闭的动画。

图12-12　player变量设置

当然，除了使用脚本代码的方法，还有其他几种实现模型靠近对象时播放动画的方法。

使用触发器（Trigger）和动画事件（Animation Event）：在Unity中为模型添加一个触发器组件（比如Box Collider或Sphere Collider），并将其设置为触发器模式（Is Trigger）。在触发器的事件处理函数中，通过检查进入或离开触发器的对象是不是玩家角色，来触发相应的动画。可以在动画片段的时间轴上添加动画事件，并在事件函数中控制动画的触发。

使用物理碰撞（Physics Collision）：可以为模型添加一个具有刚体（Rigidbody）和碰撞器（Collider）的对象（比如一个空对象）。在碰撞器的碰撞事件中，检查碰撞的对象是不是玩家角色，来触发相应的动画。无论选择哪种方法，核心是通过检测模型与对象之间的距离或碰撞来触发动画的播放。这里提到的只是一些常见的方法，可以根据项目的需求和特点进行选择和调整。

（4）音乐脚本设计

若想在Unity中点击按钮来实现音乐的暂停与播放功能，可以参考二维码中的脚本。

在上述脚本中，首先需要在场景中添加一个Button按钮和一个Audio Source音频组件（图12-13），并将对应的Button和AudioSource分别赋值给playButton和audioSource变量（图12-14）。Start( )函数在脚本被加载时执行，用于注册按钮的点击事件，将其与ToggleMusic( )函数关联。ToggleMusic( )函数会在点击按钮时被调用，通过切换isPlaying变量来实现音乐的暂停和播放功能。如果音乐正在播放，它会暂停音乐并将按钮文本设置为"Play"；如果音乐已经暂停，它会播放音乐并将按钮文本设置为"Pause"。将这个脚本挂载在包含音频源和按钮的GameObject上，并将音频文件通过Inspector面板分配给AudioSource。然后，将按钮的On Click( )事件与脚本的ToggleMusic( )函数关联。这样，当点击按钮时，就可以切换音乐的暂停和播放状态。

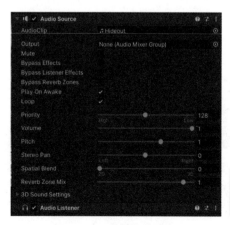

图12-13　音频组件设置

图12-14　音频脚本设置

（5）视角切换脚本设计

若想在Unity中实现点击不同的按钮切换到不同的摄像机，可以参考二维码中的脚本。

▶ 视角切换
脚本设计 ◀

在上述脚本中，场景中有多个摄像机，并用cameras数组来存储它们（图12-15）。Start( )函数在脚本被加载时执行，它会禁用除第一个摄像机外的其他摄像机。SwitchCamera( )函数会在点击按钮时被调用，需要为每个按钮指定一个对应的整数值作为参数（图12-16）。该函数会先禁用当前正在使用的摄像机，然后启用目标摄像机。GetCurrentCameraIndex( )函数会找到当前启用的摄像机，并返回它在数组中的索引。在对应的按钮上，将脚本的SwitchCamera( )函数与按钮的点击事件关联起来，并传递相应的摄像机索引作为参数。使用这个脚本，可以根据实际需要在不同的按钮上切换不同的摄像机，实现多个视角的切换效果。

图12-15　cameras数组设置

图12-16　On Click( )事件设置

（6）程序重新运行与退出脚本设计

在Unity中，可以通过编写脚本来实现重新加载场景和退出场景的功能。二维码中是一个重新加载场景的简单的示例脚本。

程序重新
▶运行与退出◀
脚本设计

接下来，需要创建两个按钮并将对应的脚本挂载到按钮的On Click( )事件上。点击第一个按钮时，运行Reload( )方法来重新加载场景（图12-17），点击第二个按钮时，运行Exit( )方法来退出场景（图12-18）。

图12-17　Reload( )方法设置

图12-18　Exit( )方法设置

12.4 编译与输出

通过以上的设计和制作，芝麻开门—芝麻关门触发动画交互设计就制作完成了。执行 File菜单下的"Build Settings"命令，在弹出的对话框中选择"Platform"为"Windows，Mac，Linux"选项或者"WebGL"选项。点击"Player Settings"按钮，可以在弹出的对话框中修改属性设置（图12-19）。设置保存路径后，便可以点击"Build"按钮进行程序的最终编译。等待程序编译完成后，便可以测试程序最终编译的效果了。对于触发动画设计的条件和脚本交互的方式，可以根据创意自由发挥，只要能够实现良好的交互功能，都可以尝试去设计和表现。

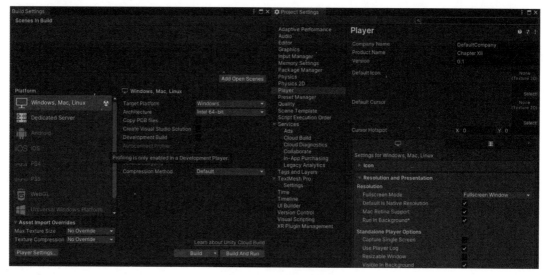

图12-19　输出设置

 本章小结

设计过程难在创意和思维，重在方法和思路。在芝麻开门—芝麻关门触发动画交互设计的制作过程中，前期主要掌握三维建模、材质和灯光照明的设计流程和方法，能够熟练运用灯光进行场景照明设计，明确摄像机路径动画和关键帧动画的设计流程；后期主要掌握触发动画和脚本交互设计的实现途径和逻辑思维，通过创造性的设计和表现，在设计过程中将各种知识交叉运用，如光影造型艺术、轴心点阵列动画、路径约束动画、全景环境、角色动画、触发动画、背景音乐、用户界面、C#脚本等，最终完成本案例的设计。

方特梦幻王国最大特点是以现代高科技手段全新演绎古老的中华文化，以高科技互动体验营造梦幻的感受，可与西方最先进的主题公园相媲美，被誉为"东方梦幻乐园"（图12-20）。

根据方特梦幻王国的特点和趣味，利用三维动画软件3ds Max和后期交互软件Unity，设计制作一个虚拟展示的场景，每个入口都可以利用距离触发动画来实现自动检票的功能，还可以对内部场景做细致刻画和描绘，从而增加交互的沉浸感和娱乐的趣味性，最终输出为EXE格式可独立运行的编译程序。

图12-20　方特梦幻王国平面图

第13章 | 3D迷宫虚拟现实交互设计

知识目标 ● 掌握3D迷宫建模设计、角色动画设计、UI设计和脚本设计。

能力目标 ● 能够完成模型、材质、灯光和动画的制作，完成交互设计。

素质目标 ● 了解三维动画表现技术和虚拟交互展示艺术相结合的方式并进行设计实践。

学习重点 ● 三维场景建模技术和AI自动寻路技术。

学习难点 ● 后期运用Unity软件进行UI设计和脚本交互设计。

　　迷宫指的是充满复杂通道的建筑物，一般人很难找到从其内部到达出入口或从出入口到达中心的道路。在游戏设计中以迷宫为题材的有很多，主要为一些网络小游戏和单机益智类游戏。此类游戏主题明确，富有趣味性和挑战性，不仅具有休闲娱乐的功能，还具有益智的功能。良好的关卡设计和体验互动设计是迷宫游戏设计的重要因素。

　　在开始本案例的交互设计之前，需要了解3D迷宫动画设计的过程，此部分内容可以扫二维码学习。本案例素材位置：出版社官网/搜本书书名/资源下载/第13章。

3 D 迷宫
动 画 设 计

　　在交互设计之前，要明确在迷宫中行走的一般规律和方法。第一，进入迷宫后，可以任选一条道路往前走；第二，如果遇到走不通的死胡同，就马上返回，并在该路口做个记号；第三，如果遇到岔路口，观察一下是否还有未走过的通道。有的话就任选一条通道往前走；没有的话就顺着原路返回原来的岔路口，并做个记号。然后重复第二条和第三条所说的走法，直到找到出口为止。如果想把迷宫所有地方都搜查一遍，还要加上一条，就是凡是没有做记号的通道都要走一遍。一般而言，只要在出发点单手摸住一面墙出发，手始终不离开墙面，总会找到迷宫的终点。但这不适用于终点在迷宫中央、场景中有机关和陷阱的迷宫，也不保证有捷径可以走。掌握这个规律之后，便可通过角色动画、路径动画、摄像机、UI和脚本来实现3D迷宫交互设计过程。

13.1   3D迷宫材质与环境设计

（1）场景材质设计

烘焙渲染导入的场景，可以根据实际情况调整场景材质的亮度、对比度和饱和度。对于没有烘焙的材质对象，它们的材质可以利用Unity的材质系统进行制作（图13-1）。

（2）场景环境设计

在Unity中，天空盒是一个在游戏中所有图形后面绘制的六面立方体。要想制作天空盒材质，先创建一个新的材质球，在Shader下拉菜单中选择"Skybox"，然后单击要使用的天空盒着色器为"6 Sided"（图13-2）。创建与天空盒6个面相对应的6种纹理，并将它们放入项目的Assets文件夹中。需要将每个纹理的包裹模式从"Repeat"更改为"Clamp"，这样可以避免边缘上的颜色重复或拉伸。将制作好的天空盒材质赋予到背景，调节场景视角和位置到合适的状态，以增添场景的氛围感。在选择和调整天空盒纹理时，应考虑场景的环境和情境，以获得最佳的视觉效果。

图13-1　场景材质设计

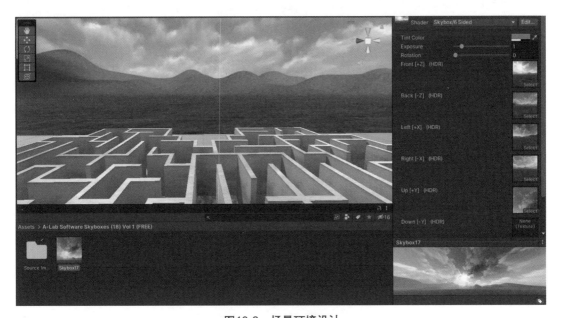

图13-2　场景环境设计

13.2 摄像机与角色动画设计

（1）摄像机的创建

摄像机的主要功能是控制角色的运动、跟随物体的运动和观察实时视图。在Hierarchy面板中创建三个摄像机，并分别命名为"Main Camera""First Camera""Third Camera"（图13-3）。Main Camera用于路径动画和自动寻路动画的全景观察，First Camera用于第一人称视角的路径跟随动画观察，Third Camera用于第三人称视角的角色动画观察，通过以上摄像机基本可以实现后期交互场景的镜头切换。

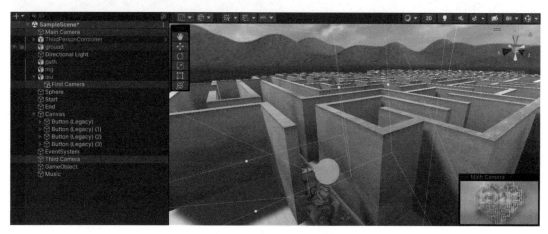

图13-3　摄像机视图列表

（2）模型与路径动画设计

为了实现模型动画和路径动画的自动播放效果，需要为其添加Animator组件，并将3ds Max制作的动画片段通过动画控制器加载到模型身上，这样运行场景就会自动播放动画了（图13-4）。若小球移动速度过快，可适当调节动画的运动速度，将First Camera对齐到小球的运动视角，调整好视角以后，摄像机就会跟随小球一起运动（图13-5）。模型的升降动画可以参考路径动画的制作方式，为其指定动画控制器，便可以自动播放动画效果。

（3）角色动画设计

角色动画可以利用Unity自带的角色资源包进行设计（图13-6），将ThirdPersonController拖动到场景的合适位置，并将Third Camera对齐到角色模型的身后。后期通过脚本代码，可以实现摄像机跟随角色同步运动，以增强场景的交互体验效果。

图13-4　Animator组件设置

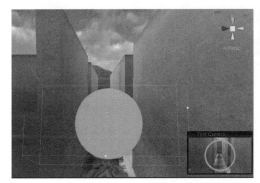

图13-5　First Camera视角设置

图13-6　角色动画设计

（4）自动寻路动画设计

在Unity中，自动寻路动画设计主要需要使用导航系统。选择场景中的Sphere游戏对象，然后在Inspector面板中为其添加一个Nav Mesh Agent组件（图13-7）。这个组件用于控制游戏对象的移动和寻路。

执行Window菜单下的"AI"→"Navigation"命令，选择场景中的path对象，在Object模块中勾选"Navigation Static"选项，并设置"Navigation Area"模式为"Walkable"（图13-8），这个导航网格用于定义游戏中可行走的区域。将场景中的墙体和不需要移动的物体设置为静态，这些物体不会参与寻路过程。在

图13-7　Nav Mesh Agent组件设置

Navigation面板的Bake模块中点击"Bake"按钮，即可自动生成寻路网格（图13-9）。

图13-8　Object模块属性设置

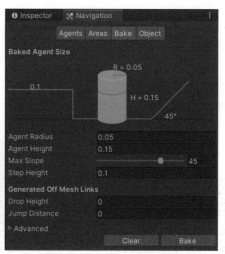

图13-9　Bake模块属性设置

然后，可以为Nav Mesh Agent组件设置相关属性。例如，Agent Radius定义了网格和地形边缘的距离；Agent Height定义了可以通行的最大高度；Max Slope定义了爬上楼梯的最大坡度；Step Height定义了登上台阶的最大高度。通过脚本让角色自己寻路，可以使用GetComponent( ).SetDestination(target.position)来设置目标位置，使角色朝着目标运动。最后，根据角色的移动状态播放相应的动画。例如，角色开始行走时播放行走动画，到达目的地时播放站立动画。通过以上步骤，可以在Unity中实现自动寻路动画设计。

（5）物理碰撞设计

为了避免角色在运动过程中出现穿墙而过的现象，可以开启模型的物理碰撞功能，在参与碰撞的模型中，为不规则的游戏对象添加Mesh Collider碰撞组件（图13-10），为球体模型添加Sphere Collider碰撞组件，为立方体模型添加Box Collider碰撞组件，这样在运行场景预览角色运动或者自动寻路动画时，碰到墙面就会被阻挡，只有可以通行的地方才能行走，这样就符合迷宫行走的条件了。

图13-10　Mesh Collider组件设置

13.3 UI设计

UI是实现良好交互功能的关键所在，因此在UI设计过程中，除了满足交互功能的需求外，还应体现UI设计的整体感和统一感。UI设计采用16个图片按钮作为主要控制区域（图13-11），分别用于视角的切换和音乐的控制。通过这几个功能的组合和排列，基本可以明确交互的过程和逻辑顺序。

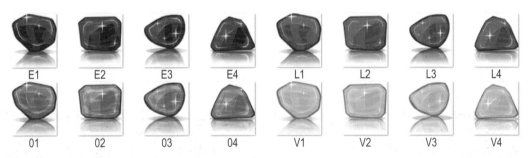

图13-11 图片按钮UI设计

在Inspector面板中，调整贴图的"Texture Type"为"Sprite（2D and UI）"，方便后期按钮贴图的使用。在Hierarchy面板中新建一个Button按钮控件，然后复制出3个，调整在视图中的位置，使其位于屏幕的下方，在按钮下添加相应的文本注释。在Button控件属性中，分别设置对应的Source Image、Highlighted Sprite、Pressed Sprite、Selected Sprite和Disabled Sprite通道的贴图（图13-12）。在场景运行的时候，鼠标的操控使控件的状态有不同的显示效果，这样可以提升视觉识别效果和操作交互体验。按照同样的操作方式，分别为场景中的其他按钮贴图状态进行设置。

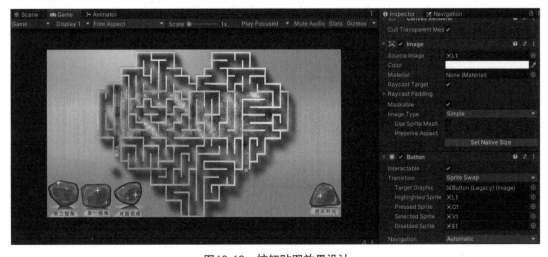

图13-12 按钮贴图效果设计

（1）摄像机切换脚本设计

在Assets文件夹中，新建一个CameraSwitcher的C#代码脚本，用于控制场景中3个摄像机的视角切换。脚本内容可扫码学习。

上述代码中，通过摄像机的激活状态来控制摄像机的视角切换，将编写好的代码赋予到场景中的一个空对象，然后在按钮的On Click( )鼠标点击事件函数中，选择执行的游戏对象和方法（图13-13）。这样运行场景，就可以实现视角的自由切换了。

摄像机切换
▶ 脚本设计 ◀

图13-13　按钮脚本设计

（2）摄像机跟随角色动画脚本设计

在Assets文件夹中，新建一个CameraFollowObject的C#代码脚本，用于控制场景中Third Camera跟随角色一起运动。脚本内容可扫码学习。

上述代码中，将摄像机的当前位置与角色的当前位置进行差值计算，并在Update( )方法中实时计算当前的差值，将编写好的代码赋予场景中的Third Camera对象，并在Inspector面板中将角色模型赋值给Target Object变量（图13-14）。这样运行场景，摄像机就可以跟随角色一起运动了，按下键盘的W、S、A、D键可以控制角色前、后、左、右的实时运动。

摄像机跟随
▶ 角色动画 ◀
脚本设计

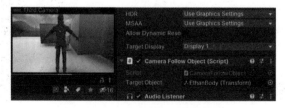

图13-14　Target Object变量赋值

（3）自动导航寻路脚本设计

在Assets文件夹中，新建一个AutoWalk的C#代码脚本，用于控制场景中Sphere对象自动寻路到出口的动画设置。脚本内容可扫码学习。

自动导航寻路脚本设计

上述代码中，通过为自动寻路对象添加寻路目的地的方式，让其沿着烘焙的网格路径进行自动寻路设置，将代码赋予到Sphere对象，并在Inspector面板中将终点的模型对象为Target变量赋值（图13-15）。这样运行场景，就可以实现自动寻路的动画设置了。并且在视图中实时调整终点模型对象的位置，Sphere对象的运动轨迹也会随时更新。

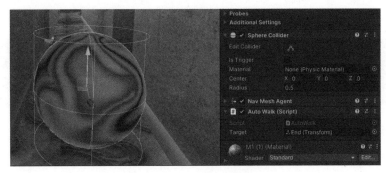

图13-15　Target变量赋值

（4）鼠标点击寻路脚本设计

在Assets文件夹中，新建一个AutoWalkOnGround的C#代码脚本，用于控制场景中Start对象，通过点击鼠标进行寻路的动画设计。脚本内容可扫码学习。

鼠标点击寻路脚本设计

上述代码中，通过鼠标点击的方式，控制模型在导航网格对象上面运动，将这个脚本附加到Start自动寻路对象上，并将烘焙的path对象拖动到对应的变量上（图13-16）。当点击模型时，AI自动寻路对象将会沿着路径自动行走。

图13-16　Ground变量赋值

（5）场景初始化脚本设计

在Assets文件夹中，新建一个ResetCameraView的C#代码脚本，用于控制场景中摄像机初始化的设置。脚本内容可扫码学习。

场景初始化
脚本设计

上述代码中，首先定义了按钮的引用。然后在Start( )方法中，为按钮添加了一个点击事件监听器，以便在按钮被点击时调用RerunView( )方法。在RerunView( )方法中，可以编写重新运行当前视角的代码，使用SceneManager.LoadScene( )方法来重新加载场景。将这个脚本附加到场景中的一个游戏对象上，并将按钮拖动到对应的属性框中（图13-17），以实现点击按钮后重新运行当前视角的功能。

图13-17　Rerun Button变量赋值

（6）音乐脚本设计

在Assets文件夹中，新建一个MusicToggle的C#代码脚本，用于控制场景中背景音乐的开关效果。脚本内容可扫码学习。

音乐脚本
设计

将此脚本附加到场景中的一个空游戏对象上，并将音乐源组件拖放到脚本的musicSource字段中。同时，将播放/暂停按钮组件拖放到脚本的playPauseButton字段中（图13-18）。这样，当点击按钮时，音乐将在播放和暂停之间切换。

通过以上设置，脚本程序设计就制作完成了。运行场景检查脚本的设计情况，如有错误或者漏洞，可以根据实际情况进行调整和修改，直到修改出合理的逻辑脚本设计程序。

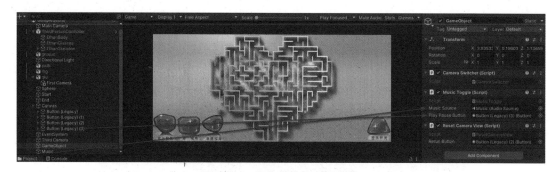

图13-18　音效和按钮变量赋值

13.5 编译与输出

测试场景基础视角切换和自动寻路动画功能的设置，没有错误就可以对场景进行打包输出了。保存场景文件，然后执行File菜单下的"Build Settings"命令，在弹出的对话框中选择"Platform"为"Windows，Mac，Linux"选项。点击"Player Settings"按钮，可以在弹出的对话框中修改属性设置（图13-19）。设置完成以后，单击"Build"按钮，选择输出保存的文件夹位置，就可以对场景进行整体编译输出了。输出完成以后，可以点击运行文件查看输出效果。其他交互功能可以根据需要实时调整设计。

图13-19 输出设置

 本章小结

本章案例主要运用二维样条线进行三维场景设计，通过光影艺术的表现以及路径约束与路径变形动画的设计，完成迷宫三维动画场景的制作。在后期交互设计中，综合运用环境和粒子特效、摄像机动画、角色动画、路径锚点动画的知识，利用角色动画的设计、路径锚点事件的脚本设计、滑块和滚动条数据实时变化的方法，结合UI和脚本设计，最终完成程序的编译。制作时，可以根据迷宫场景的特点，在闯关行走过程中增加一些挑战或者互动的游戏情节，这样既可以增加游戏的趣味性，还可以增加人与场景的互动性。

‹ 创意实践

　　3D迷宫的设计不仅出现在游戏中，在现实场景中的应用也非常广泛。浙江省科技馆有一个魔方阵之门，可以进入迷宫答题，答对了之后开门进入另一个房间，每个房间都有详细的题目。答题和走迷宫相结合的方式，既增加了游戏的趣味性和互动性，同时还使相关知识得到普及，体现了在游戏中娱乐和学习的特征。此外，浙江省科技馆还根据展示平台的需求，利用Unity创建了一个虚拟的网络展馆（图13-20）。用户可以通过网络运行程序，产生身临其境的感受和互动。

　　根据浙江省科技馆的魔方阵之门和其他趣味互动的娱乐设施，利用3ds Max和Unity设计制作一个迷宫交互场景或者全景展示场景。

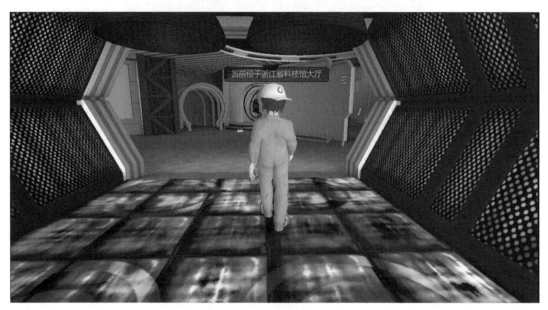

图13-20　浙江省科技馆网络展馆

第**14**章 | 3D赛车虚拟现实交互设计

知识目标 ● 掌握场景建模与材质设计以及脚本交互设计的过程。

能力目标 ● 能够利用三维软件和Unity软件，完成3D赛车虚拟现实交互设计。

素质目标 ● 通过综合运用虚拟现实技术和游戏设计艺术，将虚拟现实交互设计综合知识灵活运用到具体的项目实践中。

学习重点 ● 三维场景建模设计与Unwrap UVW模型贴图坐标设计。

学习难点 ● 运用Unity软件进行脚本交互设计和动画设计。

3D赛车无论在现实中还是在游戏中，都有着比较成熟的装备和技术。在虚拟世界中，同样可以模拟现实世界中的真实情景，其中赛道设计是整个创意的核心内容。在设计过程中，赛车线路、弯心（弯道内侧顶点）、赛道宽度、夹角（车轮面与垂直面的夹角）和高度变量都要根据相关的技术要求来制作。另外，还可以设计一些趣味生动的机关和道具，增加一些故事情节和主题内容，对于深化作品的主题和内涵都具有重要的意义。在3D动画制作环节，主要以赛车游戏的基本特征和内容作为创意的出发点，通过相应的技术表现，实现在虚拟环境中的真实体验。

在开始本案例的交互设计之前，需要了解3D赛车动画设计的过程，此部分内容可以扫二维码学习。本案例素材位置：出版社官网/搜本书书名/资源下载/第14章。

▶ 3D赛车
　动画设计 ◀

交互设计过程主要包括场景材质与环境设计、摄像机与物理属性设计、UI设计与动画设计、脚本设计等内容。玩家在体验时可以控制赛车模型在跑道中任意奔驰，并且碰到道具会有相应的分数增减。

14.1　3D赛车场景材质与环境设计

（1）场景材质设计

烘焙渲染导入的场景，可以根据实际情况调整场景材质的基础属性，利用标准Shader进行材质贴图的调整。若发生烘焙渲染的材质贴图丢失的情况，可以将贴图文件导入Assets资源包中，然后利用材质系统，重新加载贴图，调整贴图在视图中的显示效果，完成场景材质设计效果（图14-1）。

图14-1　场景材质设计

（2）场景环境设计

为了营造一个跟场景环境匹配的外部环境，可以创建一个全景环境作为背景贴图。创建一个新的材质球，在Shader下拉菜单中选择"Skybox"，然后单击要使用的天空盒着色器为"6 Sided"（图14-2）。创建与天空盒相对应的纹理贴图，并将它们放入对应的贴图通道。将制作好的材质球直接拖拽到背景上面，这样全景环境就制作完成了。

图14-2　场景环境设计

14.2 摄像机与物理属性设计

（1）摄像机的创建

摄像机的主要功能是动画展示、场景展示和控制赛车的运动。动画展示摄像机是在3ds Max中创建路径约束动画，后期可以在Inspector面板中调节合适的动画速度；场景展示摄像机是Unity场景中的默认摄像机，用于固定视角的观察，当然，也可以通过动画模块为其添加动画；控制赛车运动摄像机可以通过导入第一人称视角的控制器，绑定赛车模型，来实现对赛车运动的控制，用于赛车运动视角的观察。创建好的摄像机可以在Hierarchy面板中观察（图14-3）。

（2）赛车运动设计

在Hierarchy面板中，将赛车模型作为FirstPersonCharacter的子对象并调整到合适的视角。然后在Insprctor面板中，调节FPSController的参数到合适的状态（图14-4）。这样在运行场景的时候，摄像机的运动就间接地控制了赛车的运动。值得注意的是，由于场景中模型还未设置刚体和碰撞属性，赛车在运行的时候可能会发生掉落到地面以下或者直接穿越模型的情况，后期需要为参与碰撞的物体添加刚体和碰撞组件，才能确保赛车在模型的表面正常行驶。

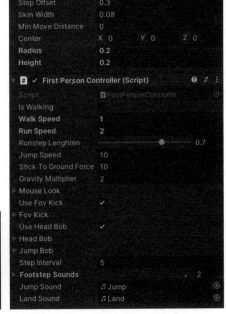

图14-3　摄像机的创建　　图14-4　FPSController参数设置

（3）物理碰撞设计

为了避免赛车在运动过程中出现穿越模型掉落的现象，可以开启模型的刚体和物理碰撞组件。在Inspector面板中选择赛道和周围墙体对象，为其添加Rigidbody组件和Mesh Collider组件（图14-5）。为了减少数据计算量，赛车模型和道具模型可以添加Rigidbody组件和Box Collider组件（图14-6）。对于赛道和周围墙体对象可以勾选"Is Kinematic"选项，这样可以加速场景的运行速度，优化资源配置。赛车模型的碰撞属性还可以通过第一人称控制器的移动速度和重力属性等相关参数配合调节，直到调节出合适的参数配置，以模拟真实环境的运行效果。

图14-5　赛道和周围墙体对象碰撞属性设置　　图14-6　赛车模型和道具模型碰撞属性设置

14.3　UI设计与动画设计

（1）UI设计

UI设计主要通过按钮和文本对象进行制作，按钮用于控制摄像机的视角切换和场景重置，文本用于分数的计分显示。在Hierarchy面板中，通过创建Button和Text对象进行制作，导入按钮素材，设置"Texture Type"类型为"Sprite（2D and UI）"（图14-7）。将纹理贴图分别赋予场景中的按钮对象，设置按钮的"Transition"类型为"Sprite Swap"，然后在对应的通道中指定对应的UI按钮贴图（图14-8）。点击按钮运行场景，可以实时测试效果。

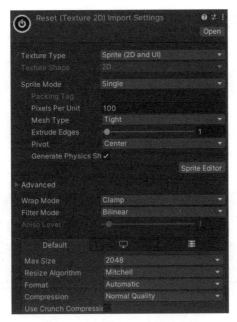

图14-7　Texture Type属性设置

图14-8　UI设计

（2）动画设计

用3ds Max制作的摄像机动画和金币模型动画，在Unity中可以通过Animator组件控制动画的播放。将动画片段拖拽到模型上，为其赋予Animator组件（图14-9），在动画片段中，通过调节Speed属性的数值来调整动画的播放速度（图14-10）。

图14-9　Animator组件设置

图14-10　动画片段属性设置

14.4 脚本交互设计

（1）视角切换脚本设计

按钮的功能主要是控制摄像机视角的切换，可以通过给按钮添加事件监听器来实现点击按钮切换相应摄像机视角的功能。创建一个CameraSwitcher脚本，脚本内容可扫码学习。

▶ 视角切换
　脚本设计 ◀

将这个脚本附加到一个GameObject上，命名为"CameraManager"。然后在Unity编辑器中将Camera和Button对象拖到脚本的相应字段中（图14-11）。

每个Button的On Click( )事件将调用ActivateCamera( )方法（图14-12），并传递对应的摄像机索引。ActivateCamera( )方法将会激活对应索引的摄像机，同时禁用其他所有摄像机。确保在Unity的UI系统中正确设置了Button组件，并且已经将Camera和Button对象拖到了脚本的Inspector面板的对应数组槽位里。这样设置之后，在游戏中点击按钮时，脚本会根据点击的按钮激活对应的摄像机视角。

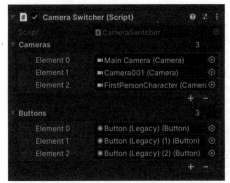

图14-11 数组变量赋值　　　　　　　图14-12 On Click( )事件设置

（2）赛车控制脚本设计

在Unity中，可以使用Input类来检测键盘的按键输入。当按下W键和S键时，可以通过改变赛车模型的transform.position.z值来控制赛车的前后运动；当按下A键和D键时，可以通过改变赛车模型的transform.Rotation.y值来控制赛车的旋转。可以使用C#编写一个控制赛车运动的脚本。脚本内容可扫码学习。

这个脚本首先定义了赛车的速度、旋转速度和最大旋转角度。通过Update方法，获取用户输入的水平和垂直移动值以及鼠标的水平旋转值。接下来，根据这些值计算出赛车的新位置和新旋转角度，并应用到赛车模型上。由于赛车模型已经绑定第一人称控制器，已经实现了运动控制的功能，两种方式选择其中一个即可。

（3）计分脚本设计

在Unity中，实现模型相互碰撞加分并更新UI的功能需要几个步骤。这里需要有一个碰撞检测的脚本以及一个控制分数和更新UI的脚本。首先，创建一个用于控制分数和更新UI的脚本ScoreManager。脚本内容可扫码学习。

　　确保UI中有一个Text组件来显示分数，并且在ScoreManager脚本的scoreText字段中设置这个UI Text。接下来，创建一个碰撞检测的脚本ColliderScore。脚本内容可扫码学习。

▶ ColliderScore
脚本设计 ◀

　　将ColliderScore脚本添加到通过碰撞加分的模型上，并确保该模型有一个Collider组件，并且isTrigger属性被设置为true（图14-13）。同时，确保目标模型（即ScoreObject标签的模型）也具有Collider组件。如果是3D模型，记得使用OnTriggerEnter的3D版本；如果是2D模型，使用OnTriggerEnter的2D版本。

　　最后，确保所有参与碰撞的金币模型都有正确的标签。设置标签属性为ScoreObject（图14-14），并且模型有Rigidbody组件，否则触发器事件可能不会工作。将ScoreManager脚本添加到GameManager游戏对象上，并将UI Text拖拽到其Score Text属性上（图14-15）。记得在分数文本UI上设置合适的初值，现在当模型碰撞时，分数将会增加，并且新的分数会更新到UI上。

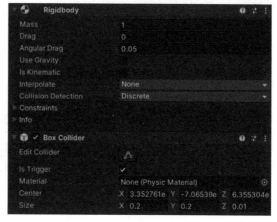

图14-13　isTrigger属性设置

图14-14　标签属性设置

图14-15　Score Text属性设置

（4）音效脚本设计

　　为了实现赛车碰到金币发出声音，可以在场景中创建一个audio effect的空对象，然后为其添加Audio Source组件（图14-16）。将音频文件赋予到空对象，用于控制后期音效的播放。在ColliderScore代码中，新添加一个Audio Source的变量，并在void OnTriggerEnter( )方法中，控制其播放方式。脚本内容可扫码学习。

▶ 音效脚本
设计 ◀

脚本编写完成以后，在Inspector面板中将audio effect对象拖拽到Au变量中（图14-17）。这样运行场景，赛车在碰到金币模型以后就会发出音效。同时添加背景音乐给场景中的CameraManager对象，勾选"Play On Awake"和"Loop"选项，让其自动并循环播放。

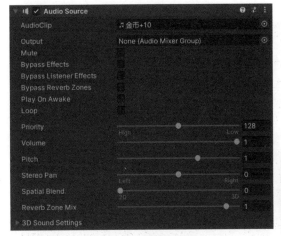

图14-16　音频组件设置

图14-17　音频变量赋值

（5）场景重置脚本设计

为了实现场景重新加载的效果，可以通过点击按钮来重新加载当前场景，可以使用Unity的SceneManager来实现。首先，确保已经导入了Unity引擎的场景管理系统的命名空间"UnityEngine.SceneManagement"。二维码中是一个C#脚本示例，展示了如何使用按钮点击事件来重新加载当前场景。

▶ 场景重置
脚本设计 ◀

将上述脚本添加到场景中的CameraManager游戏对象上。在Unity编辑器中，找到用来触发场景重新加载的按钮。在按钮的Inspector面板中找到On Click( )事件列表，将包含上述脚本的游戏对象拖拽到On Click( )事件的空白字段中（图14-18）。这样点击按钮，场景就可以重新运行了。

图14-18　按钮点击事件设置

14.5　编译与输出

场景道具可以根据布局自由调整。测试完成以后，保存场景文件，然后执行File菜单下的"Build Settings"命令，在弹出的对话框中选择"Platform"为"Windows，Mac，Linux"选项。点击"Player Settings"按钮，可以在弹出的对话框中修改属性设置（图14-19）。设置完成以后，单击"Build"按钮，选择输出保存的文件夹位置，就可以对场景进行整体编译输出了。输出完成以后，可以点击运行文件查看输出效果，其他交互功能可以根据需要实时调整设计。对于赛车场景的赛道和交互设计，还可以针对具体项目展开具体分析，通过举一反三的实践，达到学以致用的目的。

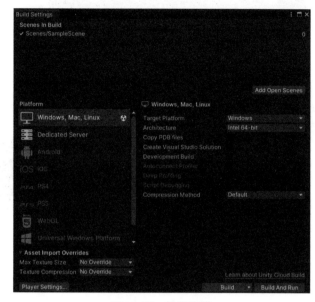

图14-19　输出设置

本章小结

本章案例主要运用多边形建模技术和贴图UV拆分技术进行三维场景设计，通过光影艺术的表现和摄像机路径动画的设计，完成赛车三维动画场景的制作。在后期交互设计中，综合运用全景环境、动画设计、音效设计等主要功能，并结合UI和脚本设计，完成程序的编译。在制作过程中，要理解技术的应用原理和方法，根据赛车场景的功能和特征，在赛道中设置一些机关、道具或者互动的故事情节；为赛车操控增加力学模拟和控制系统，增加一些计时、竞技和多人在线功能，这样既可以增加游戏场景的娱乐性，又可以有效地进行人与虚拟环境的互动。

< 创意实践

① 路轨赛车是由玩家通过遥控器自由控制小车的速度，从而享受简单纯粹的速度疾驰乐趣的一种玩具。路轨赛车是汽车文化的衍生品，随着工业革命的发展和汽车文化的兴起，它逐渐被人们熟悉和喜欢。作为平易近人的汽车文化衍生品，路轨赛车自诞生以来，风靡了欧洲及美洲大陆。2004年，世界上首套数字系统控制的路轨赛道被发明出来，成功实现了多辆小车在双赛道的同场竞技。至此，路轨赛车真正模拟了真实赛车场的各种情景，路轨赛车更具有可玩性和竞技性。传统产品重新焕发出的光芒，使得路轨赛车再次席卷了整个世界，成为家庭和商业场所必备的娱乐设施。

根据下面提供的赛道效果图（图14-20），发挥创意和想象，制作一个虚拟现实交互的游戏场景，交互方式和情节内容可以根据自己的想法进行设计和表现。

图14-20 路轨赛车赛道效果图

② 跑跑卡丁车是韩国NEXON（纳克森）公司出品的一款休闲类赛车竞速游戏。与其他竞速游戏不同，跑跑卡丁车首次在游戏中添加了漂移键，游戏以"全民漂移"为宣传词。角色则使用了泡泡堂中的人物，角色可以驾驶卡丁车在沙漠、城镇、森林、冰河、矿山等多种主题的赛道上进行游戏。

根据下面提供的游戏场景地图（图14-21），任选一个作为虚拟现实交互设计的内容。结合实际游戏运行的效果，除了模拟基本赛道和卡丁车运行功能外，还可以模拟车辆的漂移效果。为了增加场景的真实感，在漂移后设计地面上轮胎划痕的动画效果。

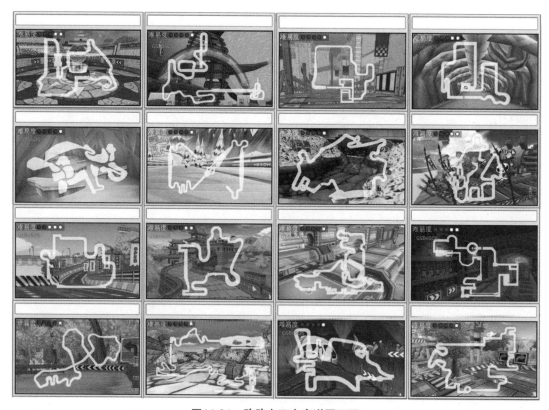

图14-21　跑跑卡丁车赛道平面图

参考文献

[1] 周晓成. 基于3ds Max动画技术的陶瓷产品设计应用研究[D]. 景德镇：景德镇陶瓷大学，2012.

[2] 范丽亚. Unity技术与项目实战：微课版[M]. 北京：清华大学出版社，2023.

[3] 吴雁涛，叶东海，赵杰. Unity 2020游戏开发快速上手[M]. 北京：清华大学出版社，2023.

[4] 吴孝丽. Unity虚拟现实开发教程[M]. 北京：人民邮电出版社，2023.

[5] 陈嘉栋. Unity 3D脚本编程：使用C#语言开发跨平台游戏[M]. 北京：电子工业出版社，2023.

[6] 曹晓明. Unity 3D游戏设计与开发[M]. 北京：清华大学出版社，2019.

[7] 黄展鹏. Unity 3D 游戏开发[M]. 北京：人民邮电出版社，2023.

[8] 赵杰，董海山. 交互动画设计：Zbrush + Autodesk + Unity[M]. 北京：化学工业出版社，2023.

[9] 李永亮. 虚拟现实交互设计：基于Unity引擎[M]. 北京：人民邮电出版社，2020.

[10] 李强. Unity游戏动画设计[M]. 北京：清华大学出版社，2016.

[11] 吴亚峰. Unity 3D开发标准教程[M]. 2版. 北京：人民邮电出版社，2023.

[12] 宣雨松. Unity 3D游戏开发[M]. 3版. 北京：人民邮电出版社，2023.

[13] 千锋教育高教产品研发部. Unity虚拟现实开发实战：慕课版[M]. 北京：人民邮电出版社，2021.

[14] 张金钊，孙颖，王先清. Unity 3D游戏开发与设计案例教程[M]. 北京：清华大学出版社，2020.